一度は見て
おきたい!
公園や雑木林で探せる
命の躍動シーン
昆虫のすごい瞬間図鑑
誠文堂新光社

エゴヒゲナガゾウムシが果実にあけた穴。

はじめに

私は昆虫の生態を中心とした研究を、70 年以上にわたり続けてきたが、まだまだわからないことばかりである。4 億年以上、進化の蓄積を続けている虫たちが生き残る姿は、私たち人間の理解を超越しているのだ。

その生き様を観察できたときの驚きと喜び——これが私が昆虫観察を続ける理由である。

本書は、昆虫たちが生き残る中で見せてくれる「決定的瞬間」を集めて紹介している。私は、近くの公園や雑木林などにいる身近な昆虫を中心に観察を続けてきた。この本で紹介しているのは、すべて身の回りにいる普通種ばかりである。

昆虫たちには、多くの競争相手がいる。常に他の虫や鳥などの外敵から襲われ、食べられる危険と向き合っている。同種の中でも交尾競争をして、子孫を残すために必死になっている。寄生バチなどに狙わ

クロアゲハの幼虫。

れている種もある。そのすべてに気配りしながら、最小限度の被害に食い止め、種として生き抜いてきたものたちが、今身近で生き残っている。

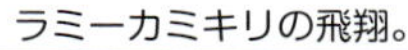
ラミーカミキリの飛翔。

考えてみると、都市近郊、その周辺の里山に生息している普通の虫たちこそ、環境の変化、外敵対応などあらゆる危機に見事に対応してきた、最強の昆虫だと思うのだ。虫の「生き残りチャンピオン」といえる身近な種たちの生き残りの戦術、戦略をぜひみなさんにも観察していただきたい。

本書で紹介しているのはその一部かもしれないが、私が見て、撮影することができた昆虫たちの瞬間写真を、生態についての平易な説明、観察のポイントとともに掲載した。

また、楽しく読みながら虫たちのいきいきとした生態を理解していただけるように、

1章　発見しやすい瞬間
2章　躍動の瞬間
3章　擬態している瞬間
4章　サバイバルの瞬間
5章　不思議な瞬間

に分類して説明を試みた。学術的な分類ではないが、より虫たちの顔が見える、生活をより身近に感じていただける構成になっていると思う。

この本をきっかけに、身近な昆虫たちに興味をもつ人が1人でも増えてくれれば、筆者としてこれ以上の幸せはない。

ジャコウアゲハの蛹。

石井 誠

第1章 発見しやすい瞬間

第2章　躍動の瞬間

第3章　擬態している瞬間

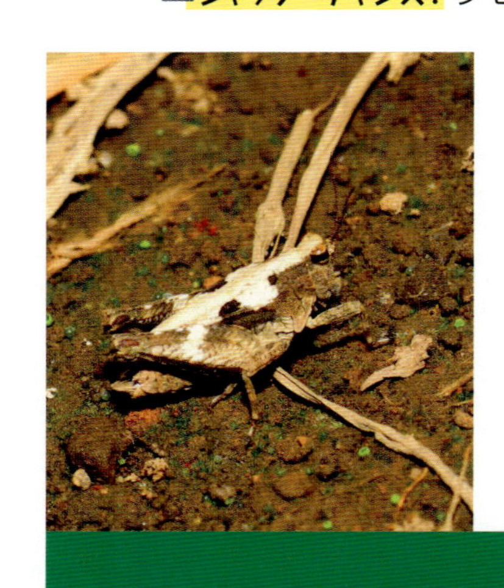

第4章 サバイバルの瞬間

第5章　不思議な瞬間

昆虫たちが見せてくれる
おもしろいシーンの数々は、
お目当ての虫の生態をよく知り、
長い時間かけて観察することで、
はじめて出会えるものが多い。

そこで１章では、初心者向けに
比較的発見しやすい瞬間を集めた。
まずはここから昆虫観察の
おもしろさを体験してほしい。

第1章 発見しやすい瞬間

キアゲハの幼虫

観察データ

時期● 春先から10月頃まで関東地区では年3回発生。

場所● セリ科のセリ、シシウド、ニンジン、ハナウド、ヤブジラミなど

成虫はどこにでもいる黄色い翅のアゲハチョウ。幼虫は食草に多くいる。丸くて黄色い卵から孵化した幼虫は、最初に卵の殻を食べる。4齢幼虫も脱皮すると脱皮殻は全部食べる。1～3齢までの幼虫は鳥のフンに擬態している。

丸くて黄色い卵を見つければ、1週間から10日ほどでキアゲハの幼虫が発生する。

若齢幼虫はグリーンが少なく全体的に黒っぽい。鳥のフンの真似をしている。

終齢幼虫は、黒地にグリーンとエンジ色の斑紋。

キアゲハの幼虫は同じ食草に群がっていることが多い。

キアゲハの幼虫に近寄ってみると、エンジ色をした2本のツノをニョキ！ と出し、嫌な臭いを発散させる。こうやって敵を驚かせて身を守っているのだ。

幼虫は、体に独特な色彩と縞模様をもつものが多い。外敵から身を守るための斑紋だ。

幼虫はやがて蛹へ変身する。蛹も環境に応じて、目立たないように緑色から褐色まで変化する。きっと、予想以上に多くの外敵がいるのだろう。

キアゲハが産卵する瞬間。幼虫がいる食草を見つければ、そこに飛んできて産卵するキアゲハも一緒に観察できることが多い。

水の滴る羽化

ヒグラシ

羽化のときに出した水分が下草にぽたぽたとたれた。

観察データ

時期● 6〜9月頃
場所● 平地、山地の湿った林

体長 40 〜 48 ミリ。褐色に黒と緑の斑紋をもつセミ。暗いスギ林を好む。市街地にも生息する。早朝や夕方、または少し曇った昼間に、カナカナと独特の哀愁ある鳴き方をする。

蛹を破って体を伸ばす。　体を起こし、殻につかまった。　殻から完全に抜け出て、きれいな翅が開いていく。

比較的発見しやすい神秘のシーンが、セミの羽化だ。茶色い蛹から、鮮やかなグリーンの体が伸び出てきて、柔らかい、美しい翅が開いていく。

この写真は、早朝に観察したヒグラシの羽化だが、いつものようにきれいな翅が伸びきったところで驚いて目を見はった。脚の関節や胸部から、水滴が噴出するではないか。その水滴は翅の先端へと流れ、下草にぽたぽたと落ちた。

このような現象は他の虫では見たことがない。なぜこんなことが起きるのかは不明だが、体の余分な水分を減らして体重を軽くし、素早く外敵から逃れるためではないだろうか。

脚や胸から噴出する水滴。

オスが花に止まるメスを見つけたが、メスは尾を上げて交尾拒否のサインを送っている。

尾を上げている

チョウの求愛

葉の上で体をあわせて交尾をするモンシロチョウ。左がメスで右がオス。

モンシロチョウ

観察データ

時期● 春と秋によく見られる。夏眠する場合がある。

場所● アブラナ、キャベツ、ダイコンの畑など。吸蜜しに集まるタンポポ、ハルジオン、ヒメジオンなどの花の近く

日本全国どこにでもいるが、キャベツの広がりとともに世界中に広がったチョウで、キャベツ畑で観察すると一番見つけやすい。求愛シーンを見つけるには、事前にオス、メスの斑紋の違い、春型と夏型の違いも調べておくとよい。斑紋はメスの方が黒い部分が多いイメージ。ひらひら飛んでいたオスがホバリングを始めたら、交尾相手を見つけたサインと考えて、観察や撮影の準備をしよう。

ひらひらと飛ぶモンシロチョウを見かけたら、オスが交尾相手のメスを探しているのかもしれない。飛んでいるオスが１か所にホバリングしたときが、観察のチャンス。その下には、花や葉に静かにとまるメスがいるはず。このとき、メスが尾を上げていることがある。これは交尾を拒否するサイン。すでに他のオスと交尾した後なのだ。

モンシロチョウの交尾は約１時間、葉や花にとまって行うものもいれば、オスが飛びながらメスにぶら下がって行う場合もある。

ひらひら飛ぶオスのモンシロチョウ。

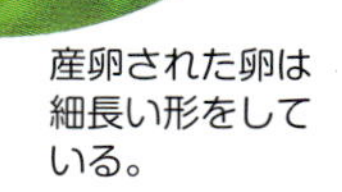

産卵された卵は細長い形をしている。

交尾を終えて、キャベツ畑に、メスがひらひらと飛んでいたら、産卵場所を探しているのかも。これを追えば、産卵シーンも見られる。

オスはどうしてメスがわかる?

モンシロチョウの目玉は、六角形の眼球が数千個も寄り集まった複眼であり、人間の目とは見え方が異なる。はっきりとものが見えないかわりに、人間には見えない紫外線を感知する能力がある。モンシロチョウの翅は紫外線が当たると、オスは黒く、メスは白く見えるのだ。

モンシロチョウから見たモンシロチョウ

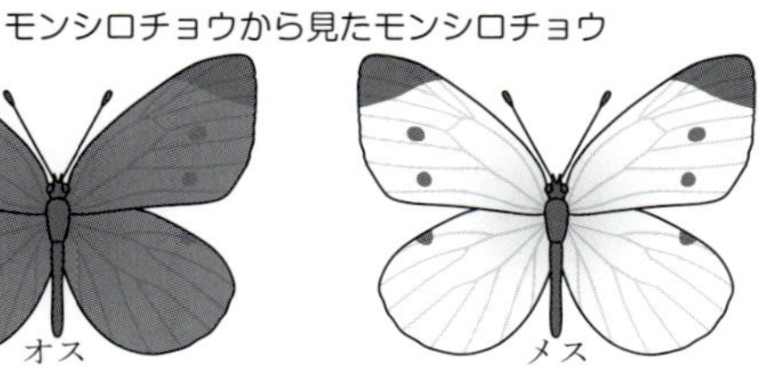

アリのおねだり

トゲアリ

コナラの樹幹では、オオワラジカイガラムシが盛んに蜜腺から甘い蜜を出している。トゲアリはそれを見逃さない。触角でカイガラムシの蜜腺をたたき、蜜をねだる。

観察データ

時期● 4～10月頃
場所● コナラの古い樹幹

大型のアリで体長6～8ミリ。4～10月頃に本州～九州で見られる。胸部は暗い赤色。3対の鋭いトゲ状の突起があるのが特徴。コナラの古い樹幹の朽ちた中へ巣作りをする。本来、子どもを育てる能力に乏しく、最初はムネアカオオアリやクロオオアリの巣へ侵入し、その女王を殺し巣を乗っ取り、ムネアカオオアリ等の働きアリに自分の幼虫の世話をさせる。しかし、巣内の清掃や何やら打ち合わせなどのコミュニケーションはしている。

蜜取りに失敗しているトゲアリ。

蜜が体にまとわりついてあわてるトゲアリ。

上手く蜜をもらえるトゲアリもいるが、ドジなトゲアリがいて、タイミングが悪く、せっかく出してくれた蜜が無駄にぽたぽたと下へ落ちてしまう。そこでトゲアリは、カイガラムシの下で待ち伏せした。しかし、またまたドジでタイミングが悪く、せっかくの蜜を全身に浴びせかけられビックリ！　それでも、体についた蜜を四苦八苦しながら懸命に飲み込んでいた。

虫にも性格があるらしく、要領の良いのと悪いのがいるようだ。

トゲアリの蜜渡しの瞬間。トゲアリは蜜が手に入ると、仲間へと渡しに行く習性がある。

春先になると、トゲアリが何百頭も集まって密集しているのを見かける。いわゆる「巣別れ」とは違うようで、なぜ密集しているのか真相は不明。

他のアリの巣を乗っ取る

普通、アリは羽アリになって結婚飛行した後、働きアリを育てて巣を作り上げていくが、トゲアリにはその能力がない。どうするかというと、ムネアカオオアリやクロオオアリの巣に侵入して女王アリを殺し、自分の体に女王アリの匂いを塗りつけて、巣を乗っ取ってしまうのだ。ムネアカオオアリやクロオオアリの働きアリは気がつかずに奴隷となってお世話をし、トゲアリの卵を育てる。

葉裏をのぞけば

ブタクサハムシ

8月中旬の暑い時期、2メートル以上の大きさになったブタクサの葉裏を探すと、ブタクサハムシが盛んに産卵している瞬間に出会える。産卵数は多く、ブタクサの葉裏のあちこちに産卵する。

地味な姿の虫だが、鮮やかな黄色い卵はとても見つけやすく、成虫の生態を観察しやすい。子どもたちにもおすすめの観察の教材だ。

観察データ

時期●5〜10月頃
場所●ブタクサ、ヒマワリ

成虫は4ミリぐらい。褐色に黒の筋模様がある。1990年代にアメリカから関東に渡ってきた。その後2000年代には全国に分布拡大。ブタクサ以外に、ヒマワリも食害する外来害虫として知られる。外来害虫は天敵も少ないことから、当初は急激に増えた。その後、天敵が増えるにつれ収束したが、今も盛んな生育活動が見られ、これほど交尾、産卵、孵化、蛹、羽化など、一連の生態を簡単に観察できる虫も珍しい。

鮮やかな黄色い卵はとても発見しやすい。卵は縦２～３ミリ、横１～２ミリの楕円形。葉裏の先端によく産卵し、一度に60個以上の卵を産む。

ブタクサの葉上で発見した、交尾するブタクサハムシ。

葉をいっぱい食べて成長する幼虫。幼虫の左には、粗い繭に包まれた蛹がある。

羽化して成虫になる瞬間。

羽化に成功！ このようなシーンも
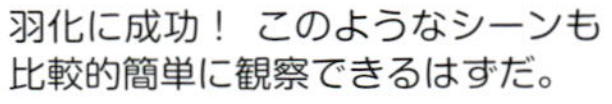
比較的簡単に観察できるはずだ。

葉っぱを巻いて産卵

初夏になり、ノブドウの葉が伸びきった頃に見に行くと、ブドウハマキチョッキリのメスが葉を巻く姿を発見できる。柔らかい若葉を選んで、くるくると横に巻いていくのだ。きれいに巻かれた葉には卵が産みつけられ、幼虫はこの中でぬくぬくと葉を食べながら成長していく。

とても小さい虫だから1時間ほどの重労働だが、子孫を残すためならがんばるのだ。

完成

ブドウハマキチョッキリ

観察データ

時期●初夏
場所●ノブドウ

体長4～5ミリ。翅にしわのようなくぼみがあり、金属色に鈍く輝く。その名の通り、主にブドウの葉を巻いている。ブドウ農園にとっては害虫として知られている。

このようなポーズでいることが多い。光の反射によって、紫色に見えることもある。

この葉にしようかと考えているのか…葉をうろうろしていたら葉巻きを観察するチャンス。

まずは葉柄に傷をつけておいて、しおれて巻きやすくなるのを待つ。

葉を巻く仕事をするのはメス。オスが近くにいて手伝うそぶりを見せることがよくあるが、仕事をすることはなく、目的は交尾のようだ。

葉を巻き終わって産卵するメス。葉の中をのぞかせてもらうと、黄色い卵が入っていた。

時間がたつと、巣は褐色に変化する。

これもチェック!

ゆりかご作りの職人芸

ハマキチョッキリと似た生態をもつものに、オトシブミがいる。チョッキリは葉を横方向に巻いていくが、オトシブミは縦に巻いていき、とても巧みに葉をつなぎ止める。

158ページ▶

真珠のような卵

アオスジアゲハ

アオスジアゲハは黒に鮮やかな青い筋の翅をもつとても美しいチョウだが、ここではあえて卵に注目したい。

成虫メスの産卵場所は、柔らかいクスノキの新芽。丸い真珠のような形の卵を産む。赤い色をした新芽に、白い卵がよく映える美しいシーンだ。ここから生まれた幼虫は、この新芽を食べてスクスク育つ。

観察データ

時期● 4〜10月頃、年3回程度発生
場所● クスノキ、ヤブガラシなど

幼虫はクスノキを食草とする。そのためか、都市公園に多い。本来は暖かい照葉樹林帯のチョウであるが、最近の温暖化により、今では青森県まで分布拡大している。幼虫はクスノキの若葉の色彩に似ることによって外敵から身を守っている。

産卵するアオスジアゲハを
発見！

卵に寄生する小さいハチが
いて、卵に産卵している様
子も観察できる。

赤い角を出して敵を威嚇する
孵化したてのアオスジアゲハ
幼虫。

これもチェック！

食草にそっくりの幼虫

アオスジアゲハの若齢幼虫は、クスノキの葉と色彩がよく似ていて、とても見つけにくくなる。当然、天敵からも見つかりにくく、擬態の一種と考えられる。

82ページ▶

大群でお引っ越し

アミメアリ

観察データ

時期●4〜9月
場所●石の下、庭

体長 2.5 ミリぐらい。頭部と胸部に網目模様があり、そこから「アミメ」と名づけられた。列を作って歩く小さなアリの大群を見つけたら、たいていアミメアリと考えてよい。
このアリは、相当変わった種であり、女王アリもオスアリももたず働きアリしかいない。その働きアリが産卵し、その未受精卵から、また、働きアリが生まれてくる。冬にはマツの皮の裏側などをあけてみると、大量越冬しているのも観察できる。

アミメアリは巣穴を掘らず、石や倒木、植木鉢の下などの空間を使って巣を作る。そして生息条件が悪くなると、すぐにお引っ越しをするのだ。延々と長い行列を作り、卵や蛹などをくわえながら移動するシーンが観察できる。

バッタやクワガタなどの大型の昆虫も、弱ってくるとアミメアリが群がってきて餌とされる。

マツの木の皮の裏側で越冬中のアミメアリ。びっしりとひしめき合って寒さをしのぐ。

ヤマトシジミ

翅を広げた瞬間、きれいなブルーの翅が見られる。ブルーの翅はオスの特徴で、メスは褐色にわずかな青が入る地味な姿をしている。葉の上にとまると翅を擦り合せるようなしぐさをするが、これは一種の外敵予防だと考えられる。

観察データ

時期● 4～11月頃
場所● カタバミ

9～16ミリほどの小さなシジミチョウ。幼虫はカタバミが食草なので、カタバミを見つけられれば、このチョウが飛んでいるかわいい姿もすぐ見つかるはずだ。カタバミは都会でも力強く生える雑草の一種で、簡単に入手できるので、幼虫から飼育するのも簡単。

こちらがメス。翅は瑠璃色ではなく、褐色にわずかな青が入る。

カタバミの葉を食べる緑色の若い幼虫。

ヤマトシジミの交尾の瞬間。交尾の前に、オスはきれいな翅を広げてアピールする。

カタバミに産卵するヤマトシジミ。

翅の裏は灰色地に黒い斑紋。「シジミチョウ」という名前は、シジミ貝に大きさと形が似ていることからつけられた。

玉虫色の翅

タマムシ

その昔の装飾品にも使われ、タンスに入れておくと着物が増えるといわれた時代もあった。

観察データ

時期●7〜8月頃
場所●サクラ、エノキ

体長 25 〜 40 ミリ。都市部で発見のチャンスがある。真夏の正午前後、メスを求めたオスが飛び交い、エノキの梢で乱舞することもある。交尾個体が樹下へ落ちてくるときもある。交尾後のメスは雑木林のコナラ樹幹へ飛来し、懸命に長時間かけた産卵行動が見られる。また、伐採された古木にも、積極的に飛来し産卵する。

一度は見るべき昆虫といえば、昔からその宝石のような美しさで人々を魅了してきたタマムシだ。これほど美しい虫が、サクラやエノキを探せばちゃんと見つけることができる。発見しただけで感動すること間違いなしだ。

有名な法隆寺にある国宝「玉虫厨子」は約1300年前に作られたもので、少なくともタマムシの翅9083枚(4542頭)が使われたと推定されているそうだ。

コナラの樹肌に産卵中。

伐採されたコナラの木の割れ目に産卵をするタマムシ。

夏にエノキの木を見ていると、メスを求めて上空を飛ぶ美しいオスのタマムシを発見できるはずだ。

輝くカナブンたち

カナブン

よく見るカナブンの翅は、光の当たり方しだいで黄金のように輝いて見える。この写真のように、いろいろな色のカナブンたちが並んでクヌギやコナラの蜜を吸う姿もよく見られる。アオカナブンも美しいグリーンに光り、宝石のようだ。普通の虫も、見方を変えれば宝探しをするように観察できる。

観察データ

時期●6～8月頃
場所●クヌギやコナラ

カナブンはどの種も体長22～30ミリ程度。各種の違いは体色で、生態にはそれほど違いがない。身近な公園のクヌギやコナラなどでよく蜜を吸っている。

一般的なカナブン。雑木林で一番多いカナブンで、樹液に密集し、仲よく甘い汁を吸蜜している。翅の色には変化も多く薄緑～赤茶褐色で光沢があり、一種の風格さえ感じる。本州～九州に広く分布。

アオカナブンの出現期は６～８月だが、寒さに強いのか北海道～九州まで分布が広い。この種の体色変化も緑～オレンジまで幅広く、どれも美しい。最近は数が少ない傾向にある。

クロカナブンの出現期は８～９月で本州～九州に分布しているが、数は少ない。背面は金属光沢のある美しい黒色、見方によっては格調高いと、一部のマニアにとっては人気の高い種だ。

似ているけれどちょっと違う

カナブンと一緒に樹液に集まって吸蜜している中に、シロテンハナムグリやシラホシハナムグリという別種がいるから見つけてみよう。銅色～緑色の体はカナブンとよく似ているが、小さな白い斑点模様があるので見分けがつく。広食性で、カキの熟した実に群生する姿もよく見られる。

金色に輝く陣笠

ジンガサハムシ

この虫の金色に光り輝く体は、初めて見る人を驚かせる。個体によって色は少しずつ違い、本当に派手な金ピカのものもいる。しかし、死ぬと黒化してしまい標本にしても見栄えはしない。生きている間だけ見せてくれる美しい姿だ。

観察データ

時期●4〜9月頃
場所●ヒルガオ

体長約９ミリ。ジンガサとは、虫の形状が昔の戦国時代に下級武士が戦場でかぶった、鉄や皮製の「陣笠」に似ていることから、名づけられた。食草はヒルガオで、幼虫は葉に丸い穴をあけるように食べる。卵はパラフィン状の分泌物に覆われ数層の卵が透けて見える。卵の形状は薄く四角面状である。幼虫は、各齢の脱皮殻を尾端につけ、蛹は脱皮殻を背中にのせ葉上で蛹化する。

幼虫を横から見ると、脱皮殻を背中にのせているのがよく見える。

死んでしまうと黒くなって、黄金色は消えてしまう。

卵と１齢幼虫。ヒルガオを見つけたら、まず葉の丸い食痕を探す。食痕がないものは幼虫もいない。

ジンガサハムシの終齢幼虫。脱皮をするたびに、その脱皮殻を背中にのせて、外敵から身を守る習性がある。

じっくり観察

いろいろなカメノコハムシ

32 ページのジンガサハムシのほかにも、甲羅をかぶったカメノコハムシがいろいろいて、どれも観察しがいがある。ここでは身近で観察できる 4 種を見ていこう。

カメノコハムシ

成虫は灰白色～黄褐色に黒い点がある。シロザの葉にたくさんいるので、比較的観察しやすいだろう。

これがカメノコハムシの卵。パラフィン状の分泌物で覆われ、中の卵が透けて見える。

カメノコハムシの幼虫。シロザを食草とすることが多いので、まずはシロザを見つけて、このような丸い食痕を探すとよい。

ジンガサハムシ同様、脱皮殻を背中にのせて外敵避けをする。

観察データ

時期●4～9月頃
植物●シロザ、アカザ

体長10ミリぐらい。体色は灰白色～黄褐色で、黒い斑点が目印。食草はシロザ、アカザなどで、特にシロザの若葉に群生するところがよく見られる。

蛹になったカメノコハムシの幼虫。しばらくすると、羽化して成虫が出てくる。

交尾をするカメノコハムシ。

死んだふり

カメノコハムシの成虫は、危険を察知すると硬直してポトッと下に落下。死んだふりをして動かなくなる習性をもつ。こうした外敵対応をする種類は実は結構多い。

170ページ▶

イチモンジカメノコハムシ

翅についた「一」の文字がトレードマークのカメノコハムシだ。体が少しごつごつと隆起しているのも特徴。

卵は鮮やかなオレンジ色。タル型で、円周のフチに白くて小さな突起が並ぶ。

イチモンジカメノコハムシの幼虫は、大きな尾状突起をもつ。危険が迫るともち上げて威嚇し、敵から身を守る習性がある。

観察データ

時期●4〜9月頃
場所●ムラサキシキブ

成虫の体長９ミリほど。褐色の中央部に、周りが透明の翅。後翅にある黒い線が、翅を横切る「一文字」であることから名がついた。食草はムラサキシキブ。

アオカメノコハムシ

アザミの葉をよく観察すれば見つかる。

観察データ

時期●4〜9月頃
場所●アザミ
成虫の体長は８ミリほど。アザミの葉のような緑色の色彩に擬態していて見つけにくい。

アザミの葉にいた幼虫。

フンのように見えるアオカメノコハムシの終齢幼虫。実際に排泄したフンを尾状突起につけて、反らすように背中にのせることでカムフラージュしている。

イノコヅチカメノコハムシ

中心部は褐色、透明の翅に黒い斑紋をもつ。

観察データ

時期●5〜8月頃
場所●イノコヅチ
成虫の体長は６ミリほど。発生時期は７月が中心で比較的短く、食草のイノコヅチにも群生はしていないので観察が少し難しい。

幼虫は成長してもそれほど形に変化はないが、尾状突起が１つずつ増えていくので何齢かわかる。これは恐らく３齢。

チョウが一番よく映えるのは、花と一緒のときではないだろうか。これはキアゲハが花の蜜を熱心に吸うところ。食事中はチョウも夢中になっているので、撮影しやすいのだ。

シャッターチャンス！

チョウを撮る

吸蜜を狙う

昆虫写真を撮り続けて70年以上の著者が教えるシャッターチャンスのコーナー。まずは誰もが一度は撮影を試みたことがあるだろうチョウの撮影についてだ。専門的な撮影テクニックは別の本にゆずるが、ここでは生態観察の視点から、どのように狙ったら面白い写真が撮れるかを考えてみよう。

アカボシゴマダラ

夏の樹液が多い木にいくと、アカボシゴマダラとカブトムシが仲良く吸蜜しているところに遭遇。

キアゲハ

チョウがふわふわと飛ぶときは、花の蜜か交尾相手を求めるときだ。追いかけていくと、決定的瞬間に出会える確率は高い。

アオバセセリ

後翅のオレンジ色の模様がチャームポイントの珍しいチョウ。

アオスジアゲハ

22ページで登場した美しいアオスジアゲハの吸蜜シーン。

モンキアゲハ

黄色い花に黒いモンキアゲハがよく映える。

交尾を狙う

ベニシジミ

食事の次に狙いやすいのは、交尾のシーンだろう。尾をあわせて、数十分間じっとしているから、その間は撮影し放題だ。これは身近なところによくいるベニシジミの交尾。

アゲハチョウ

翅を広げたアゲハチョウの交尾はダイナミック！

ギフチョウ

これはあまりお目にかかれないギフチョウの交尾。日本の本州にしかないチョウ。

キチョウ

葉裏で発見したキチョウの交尾シーン。

開翅を狙う

クロマダラソテツシジミ

チョウは翅を開いた表の模様が美しいものが多い。クロマダラソテツシジミは、翅を開くと青く美しいが、なかなか翅を開いた姿を見せてくれない。元々東南アジアのチョウであり、日本ではほとんど見かけないのだが、台風にのってやってくる迷チョウが時折やって来て現れる。この頃は温暖化の影響か、関東地方でも見られるようになった。ソテツを食草とするので、まずソテツを見つけ、翅を閉じてとまるチョウを見つけたら、粘り強く観察していくことだ。

翅を閉じた姿は地味。この姿で発見することがほとんど。

交尾シーンを撮ったものだが、ポイントは東京都心部のビルを背景に写し込んだところだ。よくいる南方で撮影したものではなく、関東地方にいたものだという証拠になる。

クジャクチョウ

クジャクの羽根の模様に似た大きな目玉のような模様がある美しいチョウだ。大きさは 50 ～ 55 ミリぐらいで、本州の山地や北海道の平地など比較的涼しいところに生息する。近畿より西にはいない。出かけていかないと発見できないチョウなので、もし見つけたら翅が開いた美しい瞬間を狙おう。

これもチェック!

目玉のような斑紋

クジャクチョウのような目玉模様は眼状紋といわれ、天敵の鳥などから身を守る効果があるとされる。多くのチョウやガは翅を閉じると地味で、翅の裏も樹皮や枯れ葉の擬態となっている場合が多い。

98ページ▶

この章では、命が生まれる
産卵や孵化、羽化などの
神秘的なシーンを中心に見ていこう。

身近なところで、こんな躍動的な
命の営みが繰り広げられていることを
知っていただきたい。
きっと、観察してみたくなるはずだ。

第2章 躍動的な瞬間

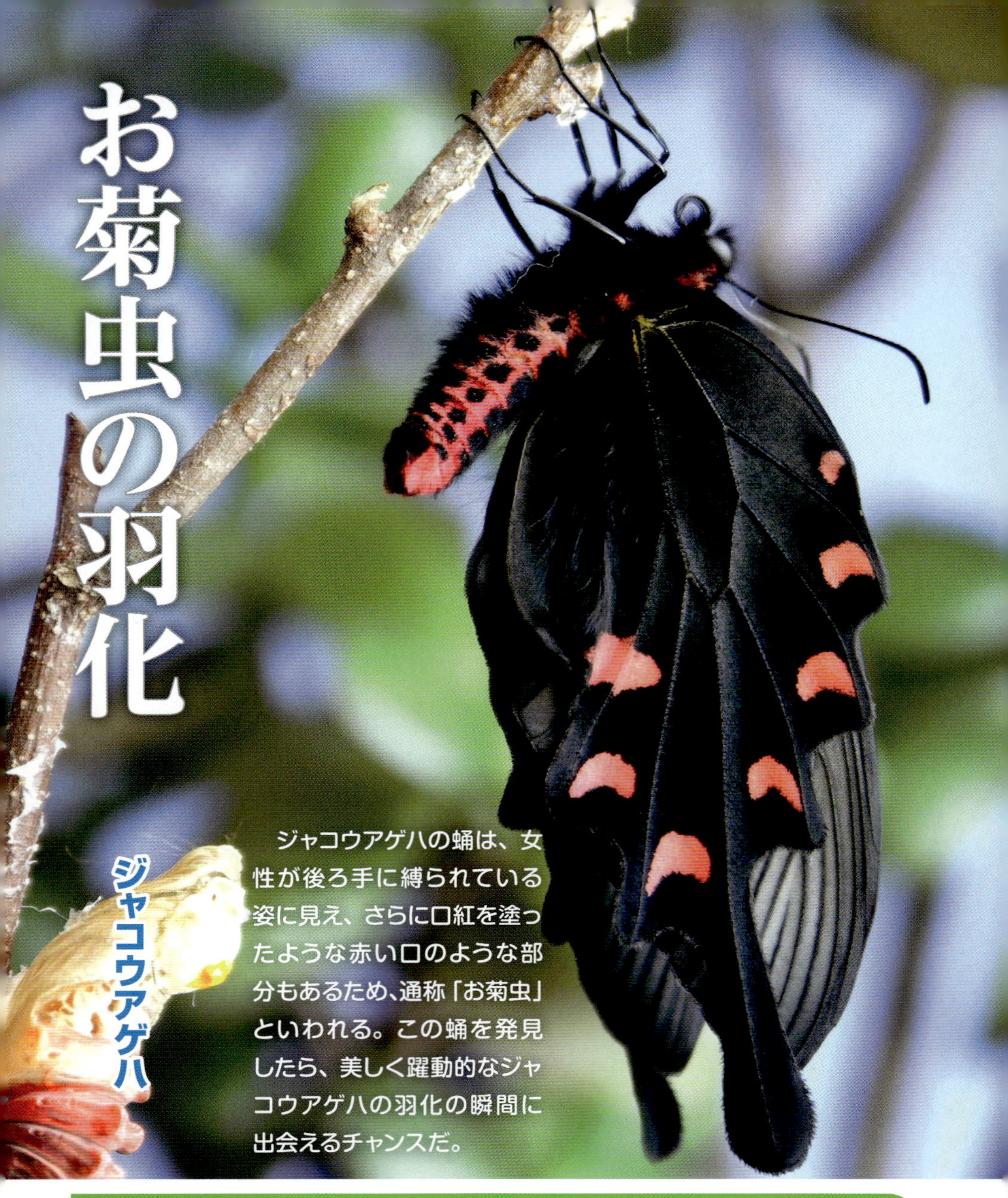

お菊虫の羽化

ジャコウアゲハ

ジャコウアゲハの蛹は、女性が後ろ手に縛られている姿に見え、さらに口紅を塗ったような赤い口のような部分もあるため、通称「お菊虫」といわれる。この蛹を発見したら、美しく躍動的なジャコウアゲハの羽化の瞬間に出会えるチャンスだ。

観察データ

時期●5～9月頃に発生
場所●ウマノスズクサ

幼虫の食草はウマノスズクサで、これは毒草だ。そのため、幼虫、蛹、成虫ともに毒をもち、鳥がこれを嫌うため、鳥から身を守ることができる。オスは黒色、メスは黄色っぽい灰色で、翅を開くと 10 センチはある。このチョウのオスを手にもってみると、一種の甘い香りが漂う。これはオスの下腹部にじゃ香に似た匂いを出す袋状の分泌線があり、その香りでメスを引き寄せるともいわれている。ジャコウアゲハには帰巣性があり、生まれ育ったウマノスズクサに戻ってきて産卵するのを観察できる。

ジャコウアゲハの蛹は通称「お菊虫」といわれる。女性が後ろ手に縛られているように見えるだろうか。怪談「皿屋敷」のお菊に由来。舞台となった姫路城のある姫路市の市のチョウに指定されている。

ウマノスズクサに産卵しているところ。

産み落とされた卵。産卵数は大体 1 個から多くて 5、6 個。

幼虫は独特の斑紋をもつ。

蛹になる前の姿。ここから「お菊虫」に変身する。

ジャコウアゲハのメスが吸蜜している。メスは灰色なのでオスと見分けがつきやすい。

出てくるのは赤っ・白っ？

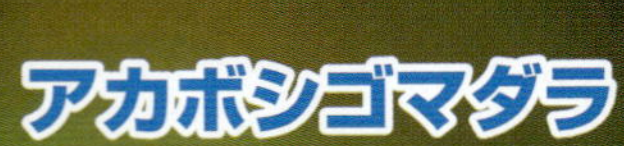

アカボシゴマダラ

いよいよアカボシゴマダラの蛹が羽化して、成虫が現れる途中の写真。しばらくして夏型だと赤星をもった翅、春型だと白い翅を広げてくれる。

観察データ

時期●5〜10月頃
場所●エノキ

タテハチョウの大型種。体長40〜50ミリ。5〜10月頃に見られる。本来は奄美諸島以南にいたが、最近では関東地方以南で見られるようになった。公園の林縁、雑木林などにいる。

蛹になってこのように黒ずんでくると羽化が近い。

エノキに産卵するアカボシゴマダラの夏型。

エノキの葉に産みつけられた卵。

アカボシゴマダラ幼虫。

エノキの葉にソックリな幼虫。卵はエノキの木に産みつけられ、幼虫はエノキの枝や葉に擬態してエノキを食べて成長する。

幼虫のまま越冬する。エノキに仲良く並ぶ越冬幼虫が観察できた。

関東のアカボシゴマダラは中国産？

アカボシゴマダラは写真のように、翅に赤い斑紋がある夏秋型と、翅が白い春型のタイプがある。本来日本には、夏型のタイプが奄美群島にしかいなかった。しかし最近では、関東地方でよく観察できるようになったのだ。しかも、日本にはいない白っぽい種で、これは中国にしか見られないものといわれている。どうやら誰かが中国からもち込んで、それが繁殖してしまったらしい。もともと日本にいたエノキを食草とするゴマダラチョウたちも、中国から来たアカボシゴマダラが勢力を拡大して競争にさらされている。

夏型成虫は名の通り赤い斑紋が特徴。

春型成虫は赤星がほとんどなく翅は白い。

幻想的な羽化

ツマグロオオヨコバイ

近所で普通にいる黄色くてかわいらしいツマグロオオヨコバイ。この虫が蛹から成虫へ変身する姿はとても幻想的だ。透き通る黄色味がかった体がなんとも美しい。

通称「バナナムシ」。ぴょんぴょん跳ねる。外敵が近づくと、横向きに歩いて茎の裏側などに身を隠す様子から「横這い」と名がついている。

観察データ

時期● 3〜6月頃、8〜12月頃
場所● 草地、林、住宅街

体長13ミリ前後。成虫の体の色から「バナナムシ」とも呼ばれている。3〜6月頃、8〜12月頃、年2回、草地、林、住宅街などで見られる。成虫は越冬をし、春になると交尾をして産卵する。セミの仲間で、いろいろな植物に鋭い口先を刺して吸汁する。

交尾をするツマグロオオヨコバイを発見。

成虫と幼虫が並んで群生しているところを見つけた。
幼虫も黄色で、親子らしい姿だ。

ツマグロオオヨコバイは成虫で越冬する。葉っぱの裏側などをのぞくと、冬に群れになって寒さをしのいでいる様子が観察できる。

黄色い翅、赤いツノ

キバラヘリカメムシ

成虫は翅が茶色いカメムシだが、羽化直後の瞬間だけ、全体が鮮やかな黄色。さらに真っ赤な触角をもった美しい虫になる。

観察データ

時期●4～11月
場所●マユミ

成虫は体長14～17ミリ。翅は暗い褐色で、腹部が黄色。側面が黄色と黒の縞模様になっている。主にマユミの木で見られ、新芽に産卵する。

葉上で日向ぼっこする幼虫たち。幼虫は黄色。

成虫になると、翅が茶色になる。キバラヘリカメムシは集団で生活していて、普段は木の実の汁を吸ったり、葉の上でのんびり日向ぼっこをしている。

脱皮に成功。しばらくは全身がこの鮮やかな黄色のまま。

キバラヘリカメムシの交尾シーン。

マユミの新芽に産みつけられた卵から、次々に孵化する幼虫たち。

なぜ腹だけ黄色い?

成虫は越冬に備えてマユミの実から吸蜜していることが多い。そのとき鮮やかな黄色の腹を見せてくれるので観察しよう。ところが、マユミの実も黄色なので、保護色になって見つかりにくい。じつによくできた体色だ。

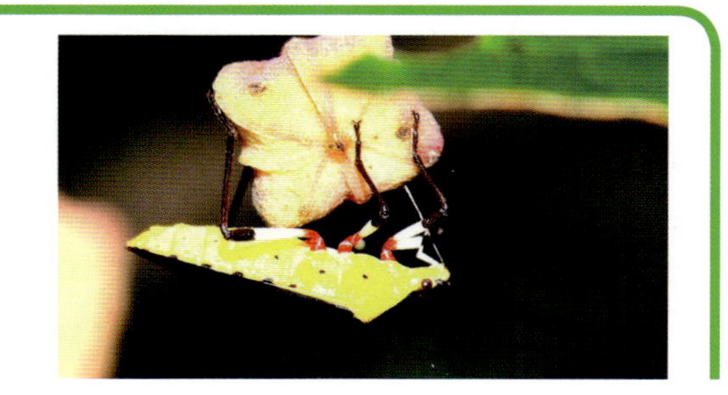

子育て中

エサキモンキツノカメムシ

黄色いハートマークは何を意味するのか

観察データ

時期●5〜10月
場所●ミズキ

体長は 10 〜 14 ミリ。背中にあるハートマークがトレードマークのカメムシ。主にミズキにいるが、ミズキであればどの木にも生息しているわけではなく、特定のミズキに集まる傾向が強い。恐らく、集合フェロモンを出しているのではないかと考えられる。

エサキモンキツノカメムシは、子育てをする。実は、子育てをする虫はきわめて少ない。カメムシ類は日本で約850種類以上記録されているが、その中でも産卵後に自分の卵を保育するのはたったの16種類しかいないのだ。

6月頃、エサキモンキツノカメムシはミズキの葉の裏に産卵をし、保育の間、最低2週間以上にわたり、飲まず食わずで子どもを守り続ける。こちらが近づいてよく見ようとすると、親は体を傾けて見せまいとする。

お腹の下の子どもたちは9月から孵化して1齢幼虫になっている。葉をのぞくと、見せまいと体を傾けた。

エサキモンキツノカメムシの生態

天敵が近寄ると、上の写真のように翅を全開にして羽ばたき、臭い匂いを発散させる。背中には黄色いハートマークと目立つ赤朱色が現れる。その色合いは見事で不気味な鮮やかさを発揮し、これで天敵を驚かせて撃退するのだ。

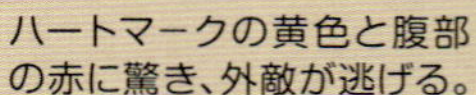
ハートマークの黄色と腹部の赤に驚き、外敵が逃げる。

観察すればするほど、その献身ぶりにはただ驚くばかりだ。

抱卵中の卵は１週間前後で孵化し黄色い１齢幼虫になる。さらに、次に１週間前後で２回目の脱皮をして、体の黒い２齢幼虫となる。

幼虫たちは子育てする親の腹の下で成長し、やがてそれぞれがミズキの実へ向かって歩き出す。よくできたもので、幼虫たちがミズキの実に到達する頃、ミズキの実は熟成し、甘くて豊かな実へと変化している。幼虫たちは、自分の力で果汁を吸い始める。

親虫は幼虫たちの後を追うようにしてミズキの実へ到着し、２週間ぶりに空腹を満たすのである。

きれいに光る緑色の卵。一度に100個ぐらい産み落とされる。

ずっと守られていた幼虫が、2齢になり動きだす時期が来た。

親から離れミズキの実に向かって進む幼虫たち。

ミズキの実に到着した幼虫たち。ここからは自分の力で吸蜜をして、成長していかなければならない。

エサキモンキツノカメムシの交尾シーン。

ヒグラシからの降下

白い糸をたらして、スギの木の樹肌に舞い降りる繭をかぶった虫。これはセミヤドリガの幼虫だ。ヒグラシに寄生した幼虫が成長し、いよいよ独り立ちしようという瞬間だ。

セミヤドリガ

観察データ

時期●8～9月（ヒグラシの鳴く頃）
場所●スギ

成虫は体長7～8ミリほどの小さなガ。ヒグラシのお腹を見れば、寄生した幼虫を見つけることができる。寄生は主に夜間。1齢幼虫はヒグラシが樹肌にとまるのを待って、そのチャンスに体に乗り移るのだ。しかし、どのようにしてヒグラシの体に乗り移っているのかはまだはっきりしていない。ヒグラシ成虫の寿命は1～2週間なので、セミヤドリガの幼虫はその間に1齢～5齢までスピード成長する。

ヒグラシに寄生したセミヤドリガの幼虫たち。繭に覆われた白いものは終齢幼虫、赤茶色をしているのが2〜3齢の若い幼虫。セミから養分をもらって成長するが、死んでしまうほどは養分をとらず共生する。

セミの体で脱皮を繰り返して終齢幼虫になり、繭を作って降下の準備をする。糸はセミの体に張り巡らせていて、幼虫は鋭いトゲ状の脚でしっかりつかまっているので、セミが飛んでも振り落とされない。

ヒグラシからの降下に成功して、スギの樹肌に取りついた幼虫。この中で蛹となり、羽化をして成虫となる。

セミヤドリガの蛹を取り出したもの。

脱皮の瞬間。いよいよ成虫が出てくる。

セミヤドリガの成虫。少し丸みを帯びた翅が特徴の小さなガだ。

泡の中から溢れ出す

オオカマキリ

　春の暖かくなった頃、冬を越したオオカマキリの泡のような卵から、小さなカマキリの幼虫たちが次々と誕生してわき出してくる。幼虫たちはそれぞれ散らばり、さっそく獲物の捕獲にとりかかる。

観察データ

時期● 4〜11月
場所● 庭、公園

緑色か茶色をした大きなカマキリ。身近なところでよく見られる。秋になると産卵し、卵の状態で越冬。春になると、卵の中から数多くの幼虫が生まれてくる。幼虫からさまざまな昆虫をカマで捕らえて食べる。

オオカマキリは不完全変態のため、幼虫からすでに成虫と同じカマをもった姿をしている。ここから脱皮を繰り返して大きくなっていく。

秋になると、お腹に卵をもって太くなったメスのオオカマキリが観察できる。

産卵するオオカマキリ。卵と一緒に粘液を分泌して泡が立ったようになる。

オオカマキリの卵鞘。泡に包んでたくさんの卵を守っている。また、越冬のための断熱効果もある。高い位置に産みつけられることが多く、雪が積もっても埋もれない。

越冬できずに鳥に食べられてしまうことも。

これもチェック！

オオカマキリの命がけの交尾

卵が産み落とされる前、オスのオオカマキリは命がけの交尾を行い、命をつないでいる。そのような営みの中から産まれた卵だと知ると、孵化の瞬間はより感動的なものになるはずだ。

114ページ▶

ギンヤンマはオスとメスが仲良く連結しながら、池の水草の茎によく産卵する。へんてこな姿だが、新しい命が生まれる瞬間だ。

観察データ

時期●5～11月頃
場所●池の水草、田んぼ

腹部の付け根が黄緑色。成熟したメスは、翅が褐色に色づく。池の水草の茎によく産卵する。50年ほど前には都会にもたくさんのギンヤンマがいたが、池がほとんど宅地化し、ギンヤンマの生息環境が激変。都心部で観察できるのは、池のある公園付近のみとなった。

いろいろなトンボの産卵

泥の中に産む！

オニヤンマ

観察データ

時期● 6〜10月頃
場所● 雑木林の渓流付近

黄色と黒の縞模様が目立つ日本最大のトンボ。渓流で産卵を見ることができる。メスはオスに見つからないようにそっと静かな流れに入り、懸命にホバリングしながら体を垂直にして産卵する。

渓流の底の泥に腹部の先を突き刺して産卵するオニヤンマ。

メスは産卵中、オスに見つかると、連結されてどこかへと連れ去られ、産卵を中断させられてしまうことがある。そのため懸命にホバリングして、大急ぎで産卵する。

オスは小川で交尾をするメスがいないか探し回る。

オニヤンマの交尾は産卵場所とは別のところで行われるのだ。

植物に産む！

ニホンカワトンボ

観察データ

時期●4〜8月頃
場所●渓流

オスには赤茶色の翅をもつものと、透明の翅をもつタイプがいる。渓流の中の木材によく産卵する。湿度のある付近を選び産卵管を差し込み、長時間、産卵に熱中する。

渓流の中にある枯れた木材を選んで産卵するカワトンボ。

メスが産卵する側では、赤い翅のオスが見守っている。これは、他のライバルのオスが産卵中のメスに受精した精子をかき出し、強引に再交尾をする習性があるからだ。自分の遺伝子を残すために見張っている。

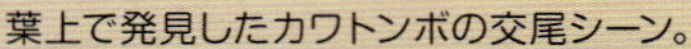

葉上で発見したカワトンボの交尾シーン。

コシアキトンボ

観察データ

時期●6～9月頃
場所●水辺

腹部2関節が白く、腰があいたように見える。羽化してしばらくは林に移るが、成熟して池に戻る。産卵はオスが見守る中で水面を打水するように産卵する。

打水しながら産む！

コシアキトンボの産卵は、水上に飛んでは水面に腹の先を打ちつけるような動作を繰り返して産みつける。動きが速いので、撮影がなかなか難しい。

コシアキトンボのオス。腹部の真ん中が真っ白だ。メスの産卵を見守る姿がよく観察できる。

ホバリングで蜜を吸う

　ホバリングの名人といえば、このオオスカシバだ。初夏になると、花から花へとスピーディーに飛び移りながら、狙いが決まるとぴたってとまってホバリング。花の蜜を吸う。
　ハチにも見えるが、ガの仲間。横から見た姿は、ウグイスやメジロなどの鳥を思わせる。

オオスカシバ

観察データ

時期●6〜9月頃
場所●クチナシ

体長25〜30ミリほど。6〜9月頃見られる。クチナシの花の上によくいる。幼虫はクチナシの葉を食べる。クチナシの葉で尾端に1本の突起をもつ幼虫を見つけたらオオスカシバの幼虫だ。

花から花へ素早く飛行する。

赤い粉まみれで脱出

ツツゾウムシ

羽化した成虫はコナラの枯れ木の中から、穴を掘って脱出してくる。脱出時、成虫の体にはびっしりと赤い粉がついている。おそらく、幼虫時代の食べかすが赤い粉となって坑道につまっているのだろう。羽化できて幸せな瞬間をとらえた写真だ。

幼虫時代から、コナラの枯れ木の中で20種類以上の寄生バチに狙われ、産卵攻撃を受け、多くの幼虫や蛹が羽化できずに死んでいく。そういう数多くの外敵にさらされ続けて、無事に生き延びたとても幸運なものだけが羽化できる。

観察データ

時期● 6～7月頃
場所● コナラやクヌギの枯れ木

体長5.5～12ミリ。暗褐色の体で鱗片に覆われている。羽化すると、雑木林のコナラやクヌギの枯れ木から出てくるが、そのときさび状の粉を体につけている。

カラフルな大変身

アカスジキンカメムシ

金属的に輝く緑の翅に、赤い筋がある美しいカメムシ。自然の中でこれだけ鮮やかで美しいものを見つけたときの感動は素晴らしいが、この虫が神秘的なのは、卵から孵化してからの体色変化である。次のページでじっくり見ていくが、変わっていく色彩ひとつひとつがそれぞれ素晴らしい瞬間なのだ。そして、死んでしまうとその鮮やかな緑が消え、色が暗くなって変化も終わりを迎える。

卵から孵化したところ。赤と黒の幼虫たちがなんともかわいい。

キブシの実に集まる幼虫たち。終齢幼虫になって、越冬する。

観察データ

時期●5〜8月頃
場所●キブシ

体長 17 〜 20 ミリ。5 〜 8 月頃まで本州、四国、九州で見られる。カメムシの中でも大型。キブシに多く集まる。体色の黒い越冬幼虫は落ち葉で過ごし、5 月初旬には脱皮して成虫になる。

土の上で発見。きれいなブローチのようだ。

じっくり観察

アカスジキンカメムシの色彩変化

卵から出た幼虫が、どのように成虫へと成長していくかをじっくり見ていきましょう。その色彩の変化は、一度は見ておきたい素晴らしさです。

アカスジキンカメムシの幼虫。赤色がだんだん白くなってきた。

終齢幼虫になる途中も、見る角度によって虹色のように輝く。

はっきり白黒模様になった。

白黒になった終齢幼虫。越冬するため、隠れる落ち葉を探す。

越冬後５月頃出てきたアカスジキンカメムシ。

終齢幼虫から脱皮。羽化した直後は、鮮やかな黄色になる。ここからあの美しい緑色になっていくのだ。

1～2時間たつと、少しずつ色が濃くなってくる。

いよいよ金属的な緑色が見え始めてきた。

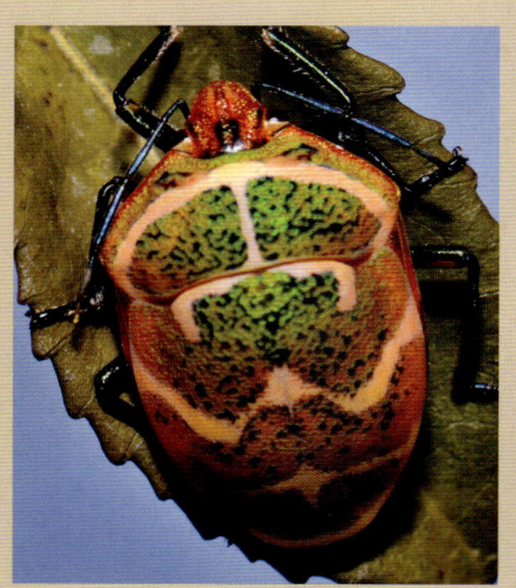

どんどん鮮やかな成虫の姿に変化する。

成虫へあと少し。

変身完了!

シャッターチャンス！

飛行シーンを撮る

素早く飛ぶ昆虫たちをカメラにおさめるのは、とても難易度が高い。しかし昆虫たちの中には、64 ページで紹介したオオスカシバのように、上手にホバリングをするものがいる。空中で静止飛行してくれるので、撮影には大変好都合だ。

ホシホウジャク

7～11 月頃、ツルフネソウやホトトギスなどの花によくいて、ホバリングしながら吸蜜しているのが発見できる。翅は常に動き続けているので、手動でピントを合わせながら、シャッターを切り続けよう。最近は、連写機能がついたカメラが多いので、比較的簡単にホバリングしているところを写し止めることができるようになった。

クマバチ

ナノハナ、フジ、ニセアカシアなどが咲き誇る暖かい春になると、出番を待っていたクマバチが飛び出してテリトリーをはり、ホバリングを続けるのを見つけることができる。見晴らしのよい農道や、フジ棚の横などに多い。

花の蜜を吸いにきたクマバチ。ちょっと怖そうに見えるが、ほとんど刺されることはない。毒針があるのはメスだけだ。

ホバリングを狙う

ニホンミツバチ

春になると、ナノハナやサクラの周りに現れるニホンミツバチ。ナノハナで吸蜜しようとホバリング中だが、その脚には花粉を丸めた花粉団子をもっているのがわかる。サクラの幹の穴などを活用して、この団子をためて巣作りをするのだ。

オオハナアブ

ハチのように見えるが、マルハナバチに擬態したオオハナアブというアブの仲間。丸っこい体で、花の上を飛び回って蜜を吸う。

ビロウドツリアブ

こちらもアブの仲間のビロウドツリアブ。長い口を伸ばして、花から花へとホバリングしながら蜜を吸う姿は春の風物詩だ。

美しい種の飛翔

キアゲハ

花や青空を写し入れて、キアゲハの飛翔シーンを撮影。余裕があれば、風景も考えて撮影するともっと楽しくなる。

ラミーカミキリ

淡い青緑白色と黒のコントラストがきれいなカミキリムシだが、とてもよく飛ぶのでシャッターチャンスは多い。飛ぶ瞬間、翅よりも長い触角を大きく広げた。動きは速いので、きれいに飛ぶ姿を撮るのはなかなか難しいだろう。

リンゴカミキリ

スイカズラの葉裏などにとまって葉脈をかじる地味なカミキリムシだが、飛び立った瞬間を撮影すると、オレンジ色の体に青みがかった翅がよく映えて、美しい姿を見せてくれた。飛ぶと美しい種を見つけるのも楽しい。

ルリモンハナバチ

寄生性のハチで、花の蜜が主食。夏になると現れる美しいハチだが、なかなか飛び方が速く、きれいに撮影するのが難しい種。

擬態とは、何かの姿に化けること。
生物が天敵から身を隠し、
生き残るために身につけた巧妙な手段。

もし、逃げも隠れもしない虫がいた
とすれば、長い歴史の中で確実に
滅びてしまっているはずだ。
この章では、身近な場所で発見できる
擬態の瞬間を紹介していこう。

第3章 擬態している瞬間

枝にしか

ナナフシモドキ

観察データ
時期●7〜11月頃
場所●樹肌、枝

体長 50 〜 100 ミリ。ナナフシモドキは樹肌、枝、葉柄などで脚をのばし、じっと動かず身を隠している。しかし、幼虫はよく動くので、鳥などに食われることも多いようだ。成虫は外敵の危険が迫ると、自分で脚を切断して、外敵から逃れるのだ。ちぎれた脚は脱皮のときに再生され、元の脚に戻る。脱皮回数は５〜６回。

枝とならんでいる虫が見えるだろうか。よく探さないとわからない見事な擬態をするナナフシモドキを見つけるとうれしくなる。生息環境にとけ込むように、形や色で捕食者から見えないようにする「隠蔽的擬態」の代表格だ。

ナナフシモドキを探せ

体色は緑色と褐色がある。緑色型はなぜかエノキに多く、体を固定して枝にとけ込んでいるので、よく目をこらして探してほしい。褐色型は樹幹にピタリと張りついて動かないことが多い。

ここに掲載した写真の中であっても、その気になって探さないとだまされてしまう。

ここにいる!

ナナフシモドキの幼虫。不完全変態なので、幼虫も小さなナナフシモドキの姿をしている。

２頭が頭をつき合わせているのがわかるだろうか。ナナフシモドキの顔を拡大してみると、２本のツノがあり、鬼の顔を連想する。これも外敵対応の一種なのかもしれない。

食草に身を隠す幼虫

クスノキの若葉にとけ込むアオスジアゲハの幼虫。

観察データは 22ページを参照

枝にそっくりなシャクガ科幼虫。

シャクガ科の幼虫

観察データ

時期● 新緑の頃
場所● サクラなど

シャクガ科は多くの種類がいるため、どの幼虫がどの種のシャクガになるかは、幼虫を見てもほとんどわからない。昔、土瓶を枝にかけておこうと思ったら、枝と間違えてシャクガにかけてしまうほど似ていることから、「ドビンムシ」という異名がついた。

チョウやガの幼虫であるイモムシたちは、実にいろいろな擬態で身を守るが、ここで紹介するのは生活する食草によく似ていて見つけにくいもの。体の色彩や模様が葉や枝によく似ていて、完全にとけ込んでいる。

エノキの若葉にとけ込んでいるアカボシゴマダラの幼虫たち。

アカボシゴマダラの幼虫

観察データは 46 ページを参照

枯れ草まじりの草むらに身を隠すトノサマバッタ。

トノサマバッタやショウリョウバッタのようなおなじみのバッタたちも、道路などに出てきたときはすぐに見つかるが、草むらにいると見つけるのはかなり難しい。

ショウリョウバッタには緑色のもの、緑と褐色が入り交じったもの、褐色のものがいて、まだ緑が多い夏の時期には緑タイプ、季節が秋になって枯れ草が多くなるにしたがって褐色が増えてくるという徹底した擬態だ。

トノサマバッタ

観察データ

時期●6〜10月頃
場所●草地
体長 48 〜 65 ミリ。トノサマという名らしい立派なバッタ。草原に多く、翅の色以外は緑色だが、個体によっては褐色系もあり、個体変異がある。日本には少ないが、不足すると「長翅型」に変化し、大集団の「飛蝗」現象が起こる。

身を隠すバッタ

緑と褐色が入り交じる中間タイプのショウリョウバッタ。秋が近づくと増えてくる。

夏に多い緑型のショウリョウバッタ。草にとまるとき5～6歩後ずさることで、お尻の方を草の中に入れて、さらに見えにくくする工夫もしていた。

秋になると増える褐色型。見事に枯れ草に身を隠す。

観察データ

時期●6～12月頃
場所●草地、林縁

体長40～80ミリ。メスは、日本で一番大きいバッタだ。それに比べ、オスはメスの半分くらいだ。飛ぶときはキチキチ…と音を出すので「キチキチバッタ」ともいわれる。

まるで葉っぱの一部のようなチズモンアオシャク。地図という名だが、擬態しているのは枯れかけの葉っぱだ。

翅の模様で、葉っぱや落ち葉などにうまくとけ込む昆虫たちだ。何千年、何億年という進化のプロセスで、葉っぱの模様をこれほど精密に獲得することができることに驚いてしまう。

チズモンアオシャク

観察データ

時期●5～8月頃(本州)、
3～10月頃

場所●コイケマ、ガガイモ

地図のような斑紋の翅からこの名がついたシャクガ。公園や雑木林にいるが、なかなかお目にかかれない。見つけたらすぐに撮影したい。

ホシホウジャク

吸蜜に疲れると枯れ葉にとまって休むことが多い。

観察データ

時期●7〜11月頃
場所●枯葉、アロエの枯れた部分

体長 22 〜 25 ミリ。ホバリングしながら、花から花へと飛び回り吸蜜しているが（72ページ参照）、疲れて休息するときは枯れ葉の上によくとまる。

翅の裏が葉っぱの裏側のような模様になっていて、植物にとまっていると葉っぱにしか見えない。

ツマキチョウ

観察データ

時期●4〜5月頃
場所●アブラナ科のタネツケバナ、ハタザオ、イヌガラシ

人里、林縁などで見られる。後翅裏の優雅な黒緑色斑紋が特徴。日当りの良いときはひらひらとゆっくり飛び、日が陰ると枝先や葉先にとまって翅を閉じ、後翅斑紋が保護色になって背景にとけ込む。

樹皮にとけ込む

サクラの樹肌にとけ込んでまったく見えないコシロシタバ。夏の時期に探せばちゃんといる。

複雑な翅の模様が、生活する樹木の表面と驚くほど一致する昆虫もたくさんいる。見つけようと思って見なければ、まず発見できない。

コシロシタバ

観察データ

時期● 6～10月頃
場所● サクラ、コナラ、クヌギなど

前翅に複雑な模様をもち、樹肌に擬態しているシタバガ。後翅に黒地に白い紋があり、飛んでいるときには目立つ。サクラなど都市郊外の樹木によくいる。

マツの枯れ木によくいるのは、左のウバタマムシ。しかし目をこらせば、マツの樹肌にとけ込んだウバタマコメツキも発見できる。

ウバタマムシ

観察データ

時期●7～9月頃
場所●マツ林周辺

体長24～40ミリ。マツの害虫。28ページで紹介した美しい翅のタマムシとは対照的に、マツの樹皮に似た目立たない色のタマムシ。

ウバタマコメツキ

観察データ

時期●4～8月頃
場所●マツ林周辺

体長22～30ミリの大型のコメツキムシ。マツの枯れ木を食べるウバタマムシの幼虫に見せかけながら、枯れ木の中にいる他の虫を食べる。

つぼみになりきる

アオバハゴロモ

植物のつぼみのようなアオバハゴロモ。

初夏になると、木の枝に一列に並んだ小さなつぼみのような虫が現れる。よく見ると翅は植物を真似した繊細な模様だ。

観察データ

時期● 7〜9月頃
場所● 草木

体長9〜11ミリ。体全体にロウ状の白い粉をまとい、成虫は翅のふち取りが淡い紅色で美しい。日本の芸者さんのように美しいということで、外国の学者が学名に「GEISHA（芸者）」とつけた。

緑の翅のふち取りが赤く、とても美しい。外国の学者が「GEISHA」と名づけたのもわかる。

地面で消える

枯れ葉の中で消える
クルマバッタモドキ。

地面と同化するバッタもいる。クルマバッタモドキは、目玉の模様まで褐色で、見事に姿を隠している。

クルマバッタモドキ

観察データ

時期●7～11月頃
場所●公園の荒れ地、道端、河原など

体長 40 ～ 45 ミリ。前胸背にX状の紋様がある。体色は緑色または、黒褐色で色彩変異がある。生息数はバッタの中では一番多いといわれている。

ヒシバッタ

観察データ

時期●4～10月頃
場所●庭、草地、木陰

体長約 10 ミリ。背中がひし形をしている所から名前がついた。斑紋が 1 頭 1 頭違い、ひとつとして同じデザインはない。

土にとけ込み、遠くからでは見えない。

チョウの翅裏は隠れ蓑？

翅裏は見事な樹皮の模様。木の幹にとまっていれば、外敵にはまずわからないのではないか。

翅を開くと美しい色彩でアピール。翅を閉じると、まるで隠れ蓑のように枯れ葉や樹皮に擬態するチョウは多い。翅の裏と表を並べながら見ていこう。

翅を開くと、紺の地に美しい瑠璃色のラインが見られる。

観察データ

時期●3〜11月頃
場所●コナラなど

コナラなどの樹液に集まることが多い。幼虫は主にサルトリイバラを食べる。

クロコノマチョウ

枯れ葉にしか見えない翅裏をもつクロコノマチョウ。翅を開くのは羽化のときだけで、あとは翅を閉じたままである。翅裏には明るい茶褐色の春型と、暗い黒褐色の秋型の２タイプがある。

羽化の後だけ、黒い表翅を見せてくれる。

観察データ

時期●４～12月頃
場所●ジュズダマ、ススキ

南方系のチョウ。薄暗い雑木林の枯葉とか樹幹にとまり、近くを通ると急に飛び立つのでビックリすることがある。幼虫の食草は、ジュズダマ、ススキで、若齢幼虫は集団で見られる。成虫は特に日没前後には活発に飛翔活動する。成虫になると花には来ないという、種として特異な存在。主としてコナラの樹液とかイチジクの果実から甘い汁を吸収している。

翅を開くと、黄色地に黒い斑紋がある目立つタテハチョウだが、閉じた翅は完全に枯れ葉だ。

キタテハ

観察データ

時期●4〜12月頃
場所●カナムグラ

幼虫はカナムグラが食草。よく鉄道沿線などの土手や公園に生えている植物。カナムグラの群落中にキタテハがいれば、卵から成虫羽化まで観察できる。成虫は近所で普通に見られる。

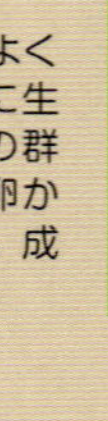

オレンジの地色のものは秋型で、そのまま越冬する。夏型はもっと黄色っぽい。

アカタテハ

表は複雑な美しい模様をもつアカタテハ。裏面は枯れ葉に擬態しているが、よく観察するととても複雑なデザインでこれまた美しいのだ。

観察データ

時期●3～12月頃
場所●林縁、草地、街中

樹液にも来るが、秋になるとカキの熟した実に集まる。幼虫はカラムシ、ヤブマオなどイラクサ科を食べる。成虫越冬するので、早春から見られる。公園などで普通に飛ぶ姿が観察できる。

毒のあるチョウの擬態

毒をもつジャコウアゲハにそっくりなのが、このアゲハモドキ。ジャコウアゲハより小さいサイズだが、外敵である鳥の目から見ると、ジャコウアゲハに見えるのだろう。

ジャコウアゲハは、毒をもつことで鳥から襲われにくい。

アゲハモドキ

観察データ

時期● 5～8月頃
場所● ミズキの樹上、草上

ジャコウアゲハは前翅の長さが 45 ～ 65 ミリあるのに対して、アゲハモドキは 30 ミリちょっとで小さい。食草であるミズキなどの樹上を弱々しく飛ぶが、夕方になると活発に飛ぶ姿が観察できる。

ツマグロヒョウモン

前翅の端が黒色のメスは、毒をもつカバマダラというマダラチョウに擬態しているといわれる。どちらも比較的暖かい地域に生息する。

こちらがカバマダラ。
たしかにそっくり。

観察データ

時期●4～12月頃
場所●白い花上に多く、秋に増える

前翅長 30 ～ 40 ミリ。関東地方より以南に生息。白い花の上に多く、秋に増える。本州西南部以南にいた南方のチョウが温暖化により、いつの間にか関東地方でも、たくさん生息するようになった。幼虫の食草がスミレ類で公園にはパンジーが植えられているので分布を広げたのだろう。

複雑な斑紋は外敵脅し。これはイボタガの交尾シーンで、4つの目玉が並ぶ珍しい写真だ。

木肌にも擬態しているので目をこらさないと気がつかないかもしれない。木の幹にこちらをにらむギョロッとした目玉が見えたら、きっと驚くだろう。

鳥などの外敵も、同じようにびっくりして襲うのをやめてしまう。こうした目玉模様をもつ虫はかなりいる。

イボタガ

観察データ

時期●3〜5月頃
場所●樹肌

複雑な模様の褐色の翅が特徴の大型のガ。フクロウの顔のようにも見える。春にだけ観察できる。

巴型の不思議な目玉模様をもつオスグロトモエ。筋の模様もきれいだ。

観察データ

時期●4～9月
場所●クヌギやコナラなどの樹液、腐った果実

巴という字に似た模様が特徴の大型のガ。クヌギやコナラなどの樹液があるところに集まる傾向がある。

翅裏は灰色で地味だが、くっきりとした目玉模様をもつのはコジャノメ。前翅の大きな目玉模様の下に、後ろ翅にも小さな４つの目玉が並び、さらにその下にも大きな目玉模様が３つ。

観察データ

時期●5～10月
場所●ススキなど

よく晴れた日、草上を緩やかに飛んだり、よく草の葉にとまる。幼虫はススキを食べる。

クロアゲハの幼虫

顔には目玉のように見える模様がある。幼虫も眼紋をもつものが多いのだ。また、もし敵が近づいてきて危険が迫っても、真っ赤なツノを出し、臭い匂いを発散して敵を追い払う。完璧な外敵避けを備えた幼虫。

ツノを出していないところ。目玉模様はくっきり見える。

観察データ

時期● 4〜10月頃
場所● ミカン、サンショウなど

成虫は黒い翅のチョウ。木立をぬうように飛び、花の蜜を吸うためにツツジなどに訪れる。幼虫はミカンについて、葉を食べることが多い。

アケビコノハの幼虫

警戒のポーズをとるアケビコノハの幼虫の体には、巨大な目玉が！　鳥が恐れるヘビのようにも見える。ぜひ見つけて、この威嚇のポーズをとらせよう。

観察データ

時期● 6～11月頃
場所● アケビなど

成虫は枯れ葉にそっくり擬態した翅をもつ。幼虫は２対の大きな目玉模様をもち、左右どちらから見てもはっきりと２つの目玉が見える。食草のアケビの葉を探そう。

虫を襲う鳥たちにも注目

ジョウビタキ

昆虫を餌にして生きているのは、鳥たちだ。身を守る昆虫のことを知るには、ときにそれを空から見つけようとする鳥たちからはどう見えているかを想像することも必要だ。昆虫を深く追っていけば、虫が好む植物も知らなければならず、とにかく調べることがたくさんあるのだ。

鳥は毒をもっているチョウは襲わないし、ぎょろっとした目玉を怖がる。ところが虫たちがこれほど素晴らしい防御戦略を獲得しても、毎日莫大な数の昆虫が鳥に食べられている。鳥からどう逃げるか、何億年も続いた昆虫たちの攻防戦を、私たちは今、目の当たりにしているのだ。

キジバト

アオゲラ
シジュウカラ
ツグミ
モズ
アオジ
スズメ
メジロ
ヤマガラ
ヒヨドリ
ハクセキレイ

ハチのふりをする

ウワッ、ハチだ！ とびっくりしてしまうが、実は毒はなく、刺すこともないカミキリムシだ。

斑紋だけでなく、歩き方までハチにそっくりだ。このトラフカミキリ以外にも、一瞬ハチかと思う身近な昆虫は思いのほかたくさんいるので紹介しよう。

キイロスズメバチ

トラフカミキリ

観察データ

時期●7〜9月頃
場所●クワの樹肌

体長 15 〜 25 ミリ。丸みのある体。成虫は7〜9月に出現。公園の太いクワの木にいる。クワの樹幹や枝先を注意深く探すと見つけやすい。

コシアカスカシバ

観察データ

時期●8～9月
場所●クヌギ、コナラ、シラカシ

体長25～43ミリ。東南アジアに広く分布し、日本では本州から九州に生息するが、放浪性が強く発見するのが難しい。夏に出現する。

黄色に黒の縞模様の体は、まさにハチ。キイロスズメバチやホソアシナガバチなどに擬態していると考えられる。

ホソアシナガバチ

後ろ脚にふさふさの毛束が生えている変わった見た目のモモブトスカシバは、同じく毛深いマルハナバチや、色が酷似するルリモンハナバチに擬態していると考えられる。

ルリモンハナバチ

モモブトスカシバ

観察データ

時期●6～7月頃
場所●オカトラノオの花、草上

体長12～14ミリ。後ろ脚の勁節につくふさふさの毛が特徴。オカトラノオの花の周りで観察できる。

ベッコウハナアブは全身にコマルハナバチのような毛が生えている。花の蜜を吸う姿はほとんど見分けがつかない。

コマルハナバチ

ベッコウハナアブ

観察データ

時期●5〜9月頃
場所●雑木林

体長 17 〜 20 ミリ。大型のハナアブで、翅の中央に黒帯がある。花の蜜や花粉をとりにきているところを観察できる。

ハチモドキハナアブ

ドロバチ類に擬態していると考えられるハチモドキハナアブ。

観察データ

時期●5～10月頃
場所●葉の上、樹液の周り

体長 15 ～ 20 ミリ。黒い体に黄色い帯が 2 本あるのが特徴。草の葉上や樹液の周りにいることが多い。

ハチモドキバエ

観察データ

時期●6～8月頃
場所●葉の上、クリの花上

体長 10 ミリほど。ハチに擬態したハエ類で、触角までハチにそっくり。まさに「ハチの威」を借りて身を守っている。

セグロアシナガバチ

セグロアシナガバチに擬態しているハチモドキバエ。

フトハチモドキバエ

ホソアシナガバチ

もはやハチにしか見えない大きなハエ！ 触角が短いので、ハチとは違うことはよく見ればわかる。フトハチモドキバエだとわかったら、近づいてじっくり観察してみたい。

観察データ

時期●5～10月頃
場所●葉の上、クリの花

体長 14 ～ 18 ミリ。アシナガバチに擬態した姿が特徴的。それほど数は多くないが、クリの木を探すと見つかるかもしれない。

ホタルの雰囲気

ホタルガ

赤い首筋がホタルような雰囲気をもつガの仲間だ。果たしてホタルに擬態しているのか……そして、ホタルに擬態することに何か意味があるのだろうか。黒と白のコントラストは鳥に対する警告色とも考えられる。

観察データ

時期● 6〜9月頃
場所● 人里、雑木林など
体長 45 〜 60 ミリ。昼間に活動するガで、雑木林をふらふらと飛び、林の湿気のある場所にとまっていることが多い。幼虫は、ヒサカキを食べて成長する。この種は幼虫、成虫ともに体の中に青酸毒をもち、イヤな匂いも出す。

シャッターチャンス！

クモの糸を撮る

冬を除き、春から秋にかけてクモの巣はいつでも見られる。昆虫専門に観察調査をしているのでクモは専門外だが、クモに捕らえられた昆虫は観察する。

ある日、木の梢にあるクモの巣が夕日を浴びて光り輝くのを見つけ、何気なく写真におさめてみた。するとどうだろう、見たこともないような美しい色彩に感嘆した。人の目には見えづらい紫外線や赤外線などの色彩が、カメラには写り込むのだ。

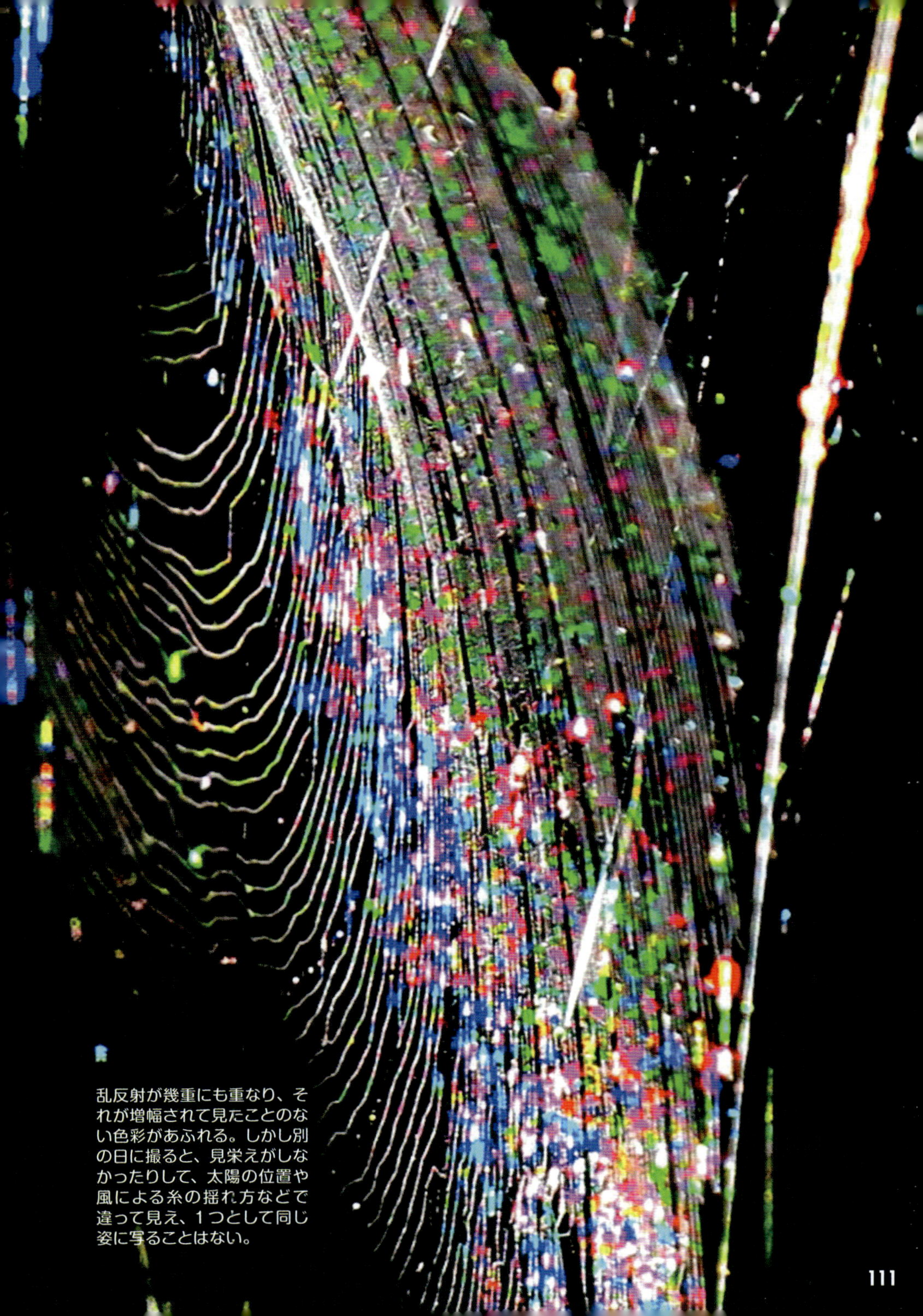

乱反射が幾重にも重なり、それが増幅されて見たことのない色彩があふれる。しかし別の日に撮ると、見栄えがしなかったりして、太陽の位置や風による糸の揺れ方などで違って見え、1つとして同じ姿に写ることはない。

クモの巣に引き寄せられる?

クモの巣の目的は何だろう? 糸の粘着力で虫を捕獲し、餌として吸汁することだ。そのためには、見えにくいのではなく、虫から見て、クモの糸に引き寄せられる魅力があるのかもしれない。人間にはただの白い糸に見えるが、虫の目にはこれがキラキラ輝く魅力的なものとして、引き寄せられてしまうと考えられないだろうか。逆にクモは天敵から身を隠し、巣を守る必要もある。風に揺れて変化する異様な色彩で、天敵の狩人バチなどが驚いて逃げることがあるかもしれない。真実はわからないが、捕食と保身の相反する目的を満たすために進化した機能が、カメラに写るこの色彩変化だとすると面白い。

ジョロウグモの巣に捕らえられたトラマルハナバチ(上)とアオスジアゲハ(下)。

ときに優雅に見える昆虫たちだが、
常に敵に襲われるかもしれない、
今日獲物を捕らなければ
生きられないかもしれない、
という生死の分かれ目を
生きている。

そんなサバイバルの瞬間は、
私たちに生きることの
意味を教えてくれる。

第4章 サバイバルの瞬間

命がけの交尾

オオカマキリ

オオカマキリのオスは、メスの様子を伺いながら、メスの背後から少しずつにじり寄る。30 センチほどに近づいたオスは、一気に飛び立ってメスの体上にのった。交尾は精子のつまった精苞をメスの生殖器に挿入することで完了するが、飼育しているオオカマキリが交尾するとき、メスがオスの頭や胸を食べてしまうことがある。ただし、野外ではあまり見られない。

オオカマキリはこのような祈っているポーズをとっていることが多く、「拝み虫(おがみむし)」の異名をもつ。

観察データは 58 ページを参照

幼虫は脱皮を繰り返し、成虫となる。そのたびに捕獲する相手も大きくなっていくのだ。

妻子のためなら命さえ

最近メスに食われてしまうオスのカマキリの例を、科学的に「分析」した研究が発表された。その研究の要点は、共食いしなかったメスの卵巣にはオス由来のアミノ酸が 21.1%だったのに対し、共食いしたものには 38.8%も含まれていたというのだ。さらに共食いメスの産卵数が平均 88.4 個に対し、共食いしないのでは 37.5 個で 2 倍以上の差があった。これでは「親のすねかじり」どころか「丸かじり」であり「お父さんによる子どもへの投資は、妻子のためなら命さえかける」と結論づけられた。

しかし、これは実験室内のもので、前述したように、自然界ではこれほど高確率ではない。もちろん野外でもある程度の共食いはあるので、種としての生存競争には役立っているのであろう。

ニホンミツバチの巣を襲いに行くキイロスズメバチ。

キイロスズメバチ

観察データ

時期● 4〜11月頃
場所● 花や樹液の周り

体長 17 〜 28 ミリで性格は荒く、成虫は他の昆虫を狩って食べたり、虫の死骸を食べることも多い。花にもよく飛来し吸蜜する。熟れたカキの実にもよくいる。

秋になると、他のハチの巣を狙って襲うスズメバチの姿が見られる。上手くいけば、ニホンミツバチがためこんだ大量の餌が入手できるからだ。襲われる方も懸命な防御策を講じて対抗するものの、全滅してしまうことが多い。

オオスズメバチ

観察データ

時期● 4〜11月頃
場所● 花や樹液の周り

体長 27 〜 44 ミリで日本最大種。非常に危険で刺されると人を死に追いやることもある。朽木の根元空間などに巣作りをする。夏に雑木林の樹液をよく出す太い木で、盛んに樹液を吸蜜している。また、花にも飛来して他の虫たちを寄せつけず、蜜を独占していることも多い。

ニホンミツバチの巣を偵察するキイロスズメバチ。

巣を襲われたニホンミツバチがオオスズメバチに噛みついた。

結局ニホンミツバチの巣は全滅した。

巣を守るニホンミツバチの群れ。これだけの数で守備しても全滅させられる。

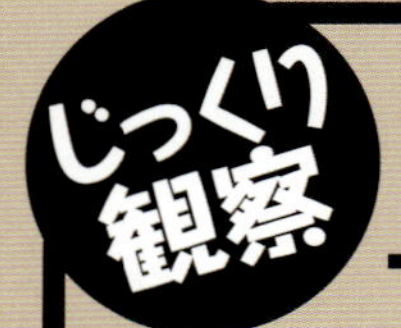

スズメバチの捕食シーン

キイロスズメバチは花の蜜も好物。

スズメバチは大変凶暴で危険な昆虫なので、観察する場合も生態をよく知った上で、決して近づきすぎず、自分で身を守ることが大切である。彼らからすれば自分の幼虫を育て守るために仕方のない行動といえるが、他のハチの巣を全滅させたり、交尾中の虫を狙って襲う姿は、昆虫界のギャングのようだ。

交尾中のキアゲハを襲う。

カナブンを押しのけて吸蜜。

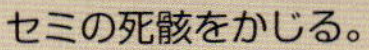

セミの死骸をかじる。

カブトムシの死骸に群がる。

これは、キイロスズメバチの巣。郊外では物置の軒下などに大きく丸い巣を作るが、都市公園では枯れ木の横や、木の下の窪みに作るので形は不定形。樹皮や枯れ木を削り、唾液で固め塗り続けて巣を作るが、1頭ずつ違う素材で作るため、色が変化し巣の表面がマーブル模様になる。

獲物を放さないカマ

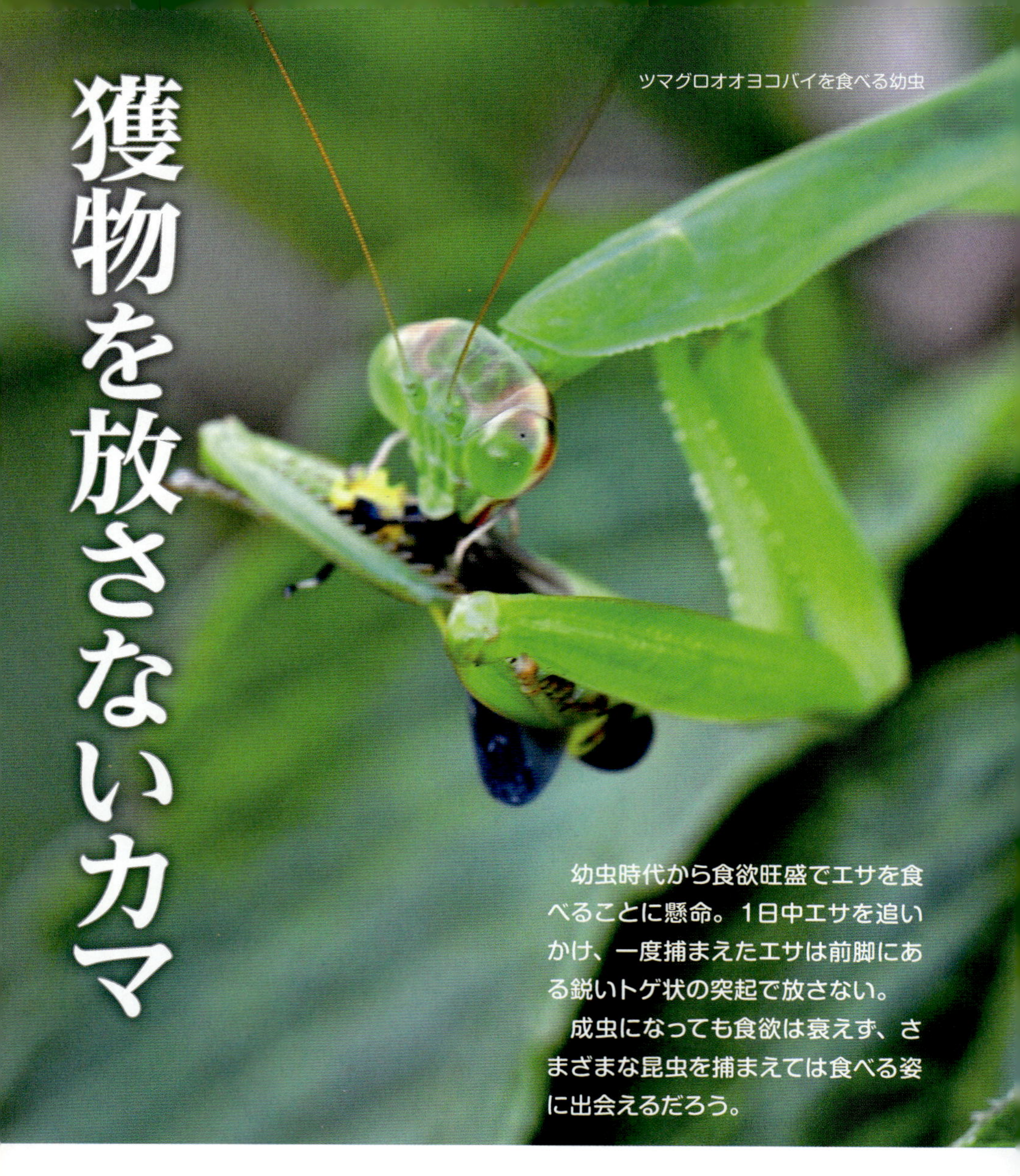

ツマグロオオヨコバイを食べる幼虫

幼虫時代から食欲旺盛でエサを食べることに懸命。1日中エサを追いかけ、一度捕まえたエサは前脚にある鋭いトゲ状の突起で放さない。

成虫になっても食欲は衰えず、さまざまな昆虫を捕まえては食べる姿に出会えるだろう。

ハラビロカマキリ

観察データ

時期● 5月中旬以降
場所● 庭、公園

成虫の体長は５０～７０ミリで腹幅が太く、翅は紫系の褐色、または緑色で色が変化する。前翅の中央に白紋があるので、他のカマキリとは区別しやすい。
秋遅く産卵、木の裏側の目立たないくぼみに紡錘形の卵巣を産む。欲年の5月の中旬以降に孵化、幼虫は群がり、やがて散らばって、それぞれ生き抜くための努力をしていく。

成虫はなぜか秋になると褐色系が多い。緑色系より背景にとけ込む色なので、外敵に襲われにくく、生き残りやすくなるようだ。

セセリチョウを捕まえた幼虫。腹部をもち上げるようなポーズをよくとる。

狙いを定めて、一瞬で獲物のバッタを捕まえた！

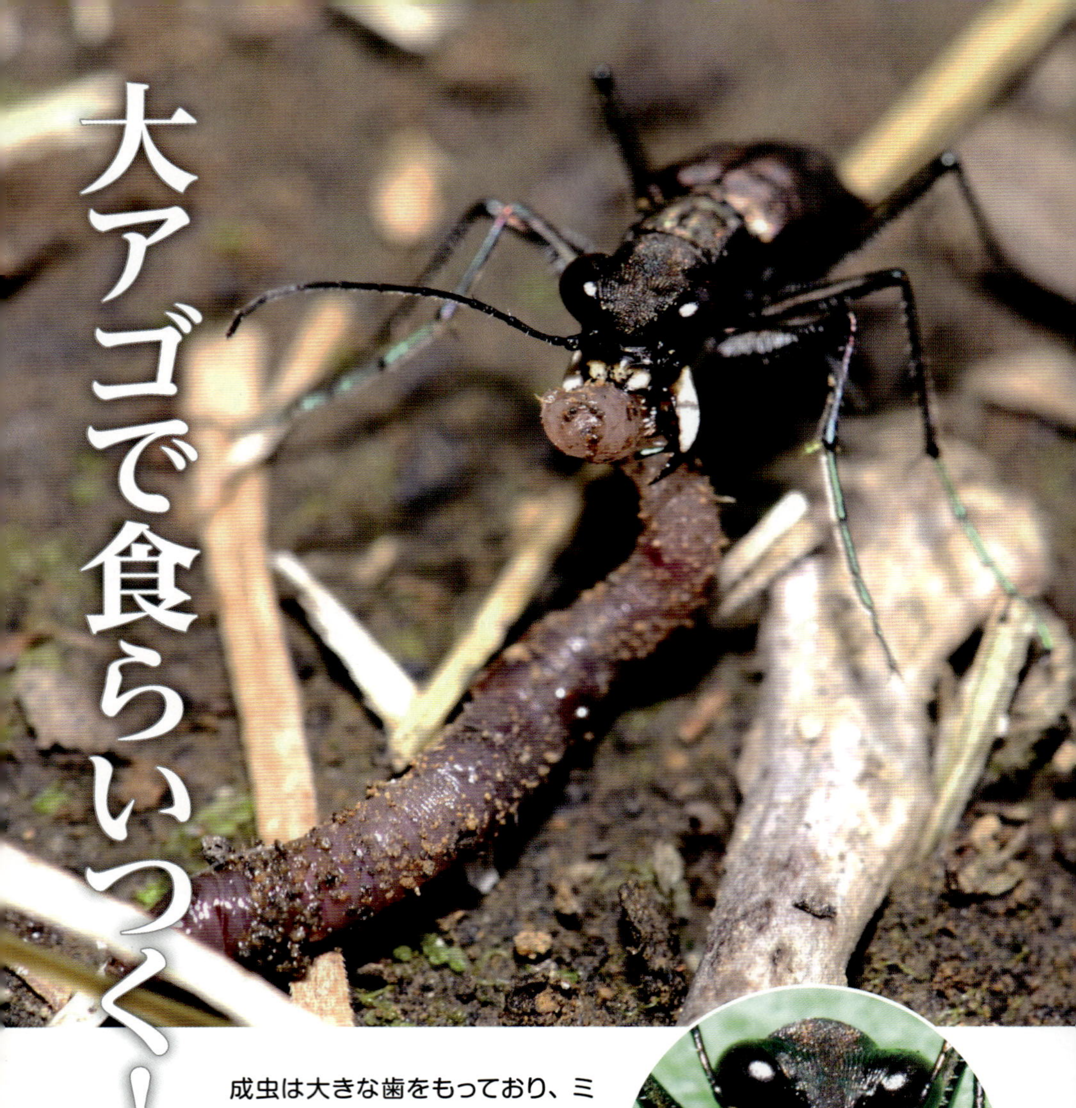

大アゴで食らいつく！

成虫は大きな歯をもっており、ミミズや虫にがぶりと食いつく。この虫を見かけたら、ぜひその大アゴを観察し、さらにダイナミックな捕食シーンを見てほしい。

トウキョウヒメハンミョウ

観察データ

時期●6～7月頃
場所●赤土の道、畑

体長10ミリ前後。少し湿度のある粘土質の土が好き。公園の林縁や日陰にある粘土質を探すと見つかりやすい。

オスがメスの背中に乗って行動を共にしている。これはメスを他のオスに取られまいとして先取りしている行動だ。

土の中に産卵するトウキョウヒメハンミョウ。

ハンミョウも顔の約半分が大きなアゴで、並外れた鋭い歯がある。小さな虫が近づくと、身を低くしてスッと滑るように接近。長い脚で素早く走り、いきなり大アゴでかぶりつき、鋭い歯でバリバリかみ砕き、口から消化液を出して獲物をとかしてから飲み込む。

ハンミョウ

観察データ

時期● 4〜10月頃
場所● 公園の道、山道

体長 20 ミリ前後。彩りが宝石のように美しい。幼虫は土の中に穴を掘って住み、自分の頭で穴の入り口を塞いで、獲物を待ち伏せしている。獲物が近くを通ると目にもとまらぬ速さで食らいつき、巣穴に引き込む。

ヤマサナエ

チョウを食べるヤマサナエ。獲物を捕らえ、食べる姿を観察するには、まず葉の上にとまり、じっと獲物を待つ姿を見つけることだ。獲物がやって来ると、素晴らしい飛行性能で追いかけ捕らえる。その後、獲物をもって葉にとまり、ゆっくり食べる。

観察データ

時期●5〜7月
場所●小川や小さな流れの沿岸

体調70ミリ前後。小さくてきれいな小川があれば、都市部の公園でも見られる。交尾後、メスは小川の水面上へ来て、尾で小川を打つように産卵する。

ヤマサナエは、草の上にとまり、獲物が飛んでくるのをじっと待つ。

狩りに成功してモンシロチョウを食べるヤマサナエ。

ヤマサナエは交尾しながらの飛行はしない。

メスはきれいな小川の上を飛び、産卵場所を探すところを観察できる。

じっくり観察

トンボの捕食シーン

夏から秋に優雅に飛び回るトンボ類だが、実は昆虫界でもかなり優れたハンターであり、大型の虫も襲う意外と獰猛な肉食昆虫だ。種類によって襲う昆虫に違いがあることが、捕食している様子を観察すると少しずつ見えてくる。ここでは撮影した捕食シーンを並べてみたが、実にいろいろな種類の虫たちがトンボたちに食べられている。

シオカラトンボはかなり大きなガや、ツマキチョウ、セセリチョウ、アブ類を捕食する。

オオシオカラトンボがアブかハチの類の獲物を捕食している。

ウチワヤンマが池の棒杭にとまり、テリトリーを張りながら虫を捕食。

シオヤトンボが、ホソヒラタアブを捕食。

カワトンボは葉の上で何か小さな虫を捕食。

オニヤンマのメスは交尾しながら、不明種をモグモグと食べていた。

戦いに敗れたカブト

カブトムシ

カブトムシの残り肉を食べるキイロスズメバチ。

観察データ

時期●6〜9月
場所●クヌギやコナラなどの樹液周り

体長 30 〜 50 ミリ。クヌギやコナラなどの樹液に集まり、良い場所を陣取って吸蜜する。まだ都市公園でも見つかるが、最近は樹液を多く出す木が少なくなってきて、見つけにくくなっている。

オオヒラタシデムシがカブトムシの破片を食べている。

鳥に食べられたカブトムシたちの残骸。

カブトムシの観察は昆虫観察の王道であり、誰もが一度は捕まえたり、飼育したりしたことがあるだろう。ここで紹介したいのは、少々残酷な観察シーンだ。

朝、多くのメスは樹木の根元の土の中に潜り込んで眠っている。それに対して、オスの方は木の梢付近にとまって眠っていることがよくある。すると、獲物を探しにきたカラスなどの鳥においしい部分だけを食べられ、固い頭は食べ捨てられてしまう。

昼間の雑木林を歩くと、そんなサバイバルに敗れたカブトがたくさん発見されるのだ。メスのこのような残骸があまりないところを見ると、オスたちの朝の居場所に問題があるのではないかと推測する。鳥の食べかすは昼間、また別の昆虫たちに食べられる。

アリの獲物になってしまったカブトムシ。

カブトムシ・クワガタの生態観察

クヌギの樹液をなめるカブトムシ。発見するとすぐに捕まえたくなってしまうが、グッと我慢して、樹液をどのようになめているかをじっくり見てみるのも楽しい。

カブトムシやクワガタの観察は、他の本などにたくさんの情報があるのでそれを参考にしてほしいが、ここでは少し変わったお勧めの生態観察に絞って紹介してみよう。

幼虫と蛹を見つける

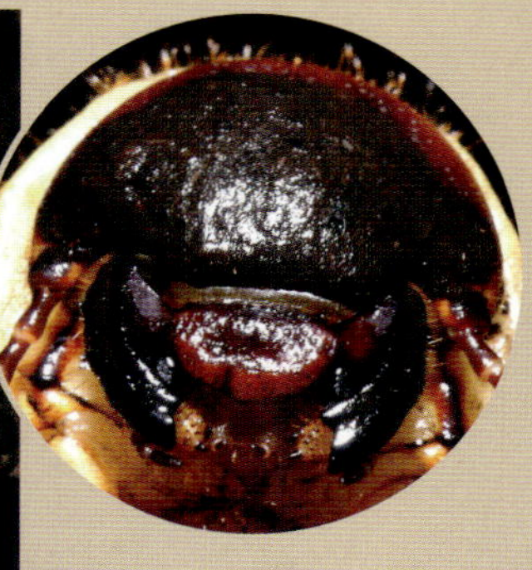

夏に産卵された卵は、秋に入る頃には孵化して、幼虫として越冬する。飼育・観察する人は多いが、野生で幼虫を発見してみてほしい。倒木や腐葉土などを掘ると見つかりやすい。越冬中の幼虫は丸々と太っていてかわいらしい。

初夏になると、いよいよ蛹になる。蛹になるとき、蛹室と呼ばれる部屋を地中に作る。腐葉土などを数センチ掘れば見つかるはずだ。

これは越冬中のコクワガタの幼虫。腐った枯れ木を掘って発見した。オレンジ色の顔が特徴的だ。なお、越冬する幼虫たちはむやみに掘らず、できるだけそっとしてあげて、観察したら元に戻すこと。

越冬から目覚めるクワガタ

クワガタは冬眠して越冬する。5月ぐらいになると、冬眠から目覚めるクワガタが出現し始める。これは朽ち木から這い出てきた目覚めたばかりのコクワガタだ。冬眠明けは体力が低下していて、飼育していると冬眠明けに死んでしまうこともある。

体液を吸う

見事に獲物を捕まえたアオメアブ。かなり獰猛で、飛んでいる虫を追尾し、太くて強力な脚でキャッチするのだ。ムシヒキアブの仲間は、昆虫を捕獲すると、じっくりと体液を吸収する。

アオメアブ

観察データ

時期●7〜8月頃
場所●草地

目の色が緑色と赤色で、その鮮やかな色彩は特筆もの。体長 20 ～ 29 ミリで大型の虫を捕獲し、時にはトンボも捕る。美しい複眼も死ぬと緑色が消え黒色になる。

鮮やかな緑と赤の眼が特徴的で美しい。

キンバエを捕まえて、じっくり体液を吸っている。

アブ類の捕食シーン

獰猛なアブ類の仲間たちは、さまざまな昆虫を捕まえて、体液を吸っているのを観察できる。その一部を紹介しよう。

アカスジキンカメムシを捕食するシオヤアブ。

シオヤアブ

観察データ

時期●6～9月頃
場所●草地

オスは尾端に白い毛束をもつ。体長28～30ミリで獲物は何でも屋。ハチ、カメムシ、アブ、甲虫類など、時にはシオカラトンボも平気で捕獲する。

マメコガネを捕食するところ。

アオカミキリモドキを捕まえたオオイシアブ。

コイチャコガネを捕まえた瞬間。

オオイシアブ

観察データ
時期●5～9月頃
場所●雑木林

白くて長いヒゲ爺さんのような姿をしている。体長15～30ミリの大型で、主として甲虫類を専門に捕獲するが、カメムシも捕捉し体液吸収する。

ガガンボを倒す。

マガリケムシヒキ

観察データ
時期●5～8月頃
場所●草地

後頭部に前方へ折れ曲がった毛があり、名前が「マガリケ」となった。体長15～20ミリで細い体だが、獲物はなんでも屋で、ガガンボなどかなり大きな獲物を捕獲する。

これもチェック!

アシナガムシヒキの万歳

同じくアブ類の仲間で、長い脚が特徴的なアシナガムシヒキ。この虫が獲物を捕らえると、なんと誇らしげに万歳をする!?

174ページ▶

1時間くらい待っても寄生バエがどかないので、意を決して巣穴に餌を入れる。

巣穴へ獲物を入れたのを見届け、寄生バエがハエ幼虫を産みつける。

観察データ

時期●5〜9月
場所●地面など

ごく普通に見られる狩りバチの一種。体長22〜28ミリ前後。第2腹節が赤黄色で、ごく細い線で腹節と綱がついている。

アオムシを狩り、巣穴へ運ぶサトジガバチ。その2〜3センチ先には、寄生バエが動向をじっと見つめている。サトジガバチもそれに気づいている様子で、3メートルほど先にある巣穴にエサを運びたいが、寄生バエが邪魔で動けない。このまま巣へもって行けば、寄生バエに巣を寄生させられてしまうからだ。

5～6センチの巣穴を掘り、小石などで軽く蓋をし、幼虫のエサにするヨトウムシや、ガ、チョウの幼虫を狩りに出かける。幼虫を育てる巣穴から離れるときは、巣穴を土や枯れ葉で埋めて見つからないようにカムフラージュする。

そのまま1時間が過ぎた頃、意を決してサトジガバチが巣穴めがけて飛び立ち、寄生バエが滑るように後を追った。サトジガバチが巣穴をあけ、エサを巣の中にもち込み、姿が見えなくなった瞬間、寄生バエが巣穴の入り口に止まり、ダダダ……と、卵ではなく、寄生バエの幼虫を産みつけた！

あとは、寄生バエの幼虫がサトジガバチの卵を食べ、巣穴から出てくるのは寄生バエばかりとなる。このように、どの虫にも天敵がいて、知恵のあるハチであっても天敵から逃れる術はないのが実情だ。

やがて麻酔させたエサを巣へ運び、巣穴をあけ入り口から巣穴の中へ入れる。

巣の中にいたサトジガバチの幼虫。

サトジガバチの獲物の体表に産卵されたサトジガバチの卵。餌の腹中央の表皮に産卵してから巣穴を出て、入り口をしっかり閉めて立ち去る。巣穴の中では卵が孵化し、幼虫はエサを食べて育つ。生きたままのエサを食べ続けるために、エサの神経節を避けながら、殺さず全部食べる。

幼虫対決

カメノコテントウ幼虫VSクルミハムシ幼虫

さわやかな5月頃、オニグルミの若葉の上では、カメノコテントウの幼虫が、クルミハムシの幼虫や蛹をむさぼり食べている姿に出会える。その食べ方は異常ともいえるほどで、もりもりと食べ続ける。

だが、クルミハムシも負けてはいない。多くの卵を産卵し、幼虫の数量増加により勝負している。小さな体で、子孫を残すために懸命に対抗策を考えているのだ。

観察データ（クルミハムシ）

時期●5月頃
場所●オニグルミ

野山の湿地帯に多く、オニグルミに生息する。クルミの葉には多数の幼虫や蛹が生息している。

観察データ（カメノコテントウ）

時期●5月頃
場所●オニグルミ

オニグルミに生息。オニグルミの若葉が網目状になっていたら、観察の時期だ。多数のクルミハムシ幼虫や蛹を捕食しているのだ。活発な捕食活動で、片っ端から食べつくす。

オニグルミの葉にびっしりとひしめくクルミハムシの幼虫たち。しかし、ほとんどのものは食べられてしまう。

クルミハムシの幼虫を食べている
カメノコテントウの幼虫。

多くの虫たちには必ず外敵がいて、その対抗策なくしては生き残れない。食う、食われる関係は虫たちにとって、避けて通れない運命にある。その運命を乗り越える知恵が、どの虫たちにも必ず備わっていることは間違いない。

虫たちは、変化対応できる柔軟性をもつ、完成されたシステムによって生き続けているのだ。カメノコテントウとクルミハムシという１本のクルミの木に生きる小さな幼虫たちの関係からでも、生物同士の壮大なメカニズムを感じることができる。

クルミハムシの卵が並ぶ。たくさんの卵を産むことで、子孫を残そうとしている。

食べる側と食べられる側のバランス

クルミの葉はクルハムシの幼虫や蛹が多くいるため、カメノコテントウにとって素晴らしい狩りの場だ。クルミハムシがいないところにはカメノコテントウも見つけにくい。
クルミハムシには外敵も多く、カメノコテントウの他に、ヤマトハムシドロバチ、シマサシガメ、オオツマグロハバチなどもクルミハムシを食べる。だからこそ、食べる側とのバランスが大切で、捕食者が多すぎると両者とも滅びてしまう。事実、クルミ林の一角にたくさんいたクルミハムシとカメノコテントウのバランスが崩れ、翌年にはどちらもまったく見られなくなったのを観察したことがある。長く昆虫観察していると、食べる側と食べられる側が、巧妙にバランスをとりながら共生しているメカニズムを思い知る。

嫁取り合戦

ヒメシロコブゾウムシ

ゾウムシの中では大型のヒメシロコブゾウムシ。

強いオスが勝利するのが自然界の原則。ここでも3頭のオスがお互いに競い合ってメス獲得にもつれ合っている。しばらく観察を続けていると、勝負の決め手が何なのかはよくわからなかったが、勝利した1頭が近くにいたメスのところへ行き、めでたくカップルが誕生した。

観察データ

時期● 4〜9月頃
場所● ヤツデ、タラノキ、ウド類などのウコギ科

体長11〜14ミリ。背中に黒い紋がある。ヤツデ、タラノキ、ウド類などのウコギ科の植物を利用し、生息する。

体の大きいのがメスで、上に乗っているのがオス。

メスの背中の上でオスたちが「やるか!」とお互いの顔を近づけて、にらみ合いをしている。

オスがメスを獲得するのは簡単にはいかないようだ。壮絶な競争があり、勝ち抜いたオスがメスに選ばれる。ただ、お互いけがをするほどの喧嘩はしない。にらみ合いながらお互いをけん制して、どちらが強いか判断しているようだ。

オンブバッタ

観察データ

時期● 9〜12月頃
場所● 公園草地、草木の葉上

体長はオスが25ミリ、メスが42ミリ程度。公園の草地にいて、メスの背中にオスが乗っていることが多いことから、この名前がついた。緑色型と褐色型がある。

4月の繁殖期になり、アシブトハナアブのカップルが交尾をしていた。そこへ、別のオスが強引に割り込んでくる。交尾中のオスの上に乗ったため、そのオスは横へはみ出され、メスを奪われてしまった。人間から見ると理解しがたい現象だが、これこそが自然の摂理にのっとった合目的な行動である。

大型のアシブトハナアブは後脚の腿節が大きく、その太くて頑丈な脚こそ、強力な武器であり、メスをがっちりつかまえて放さないオスが勝ち残る。

押し出されたオス

アシブトハナアブ

観察データ

時期●2～4月頃
場所●林縁、草原、畑、花上

体長12～14ミリ。後脚の腿節が太く頑丈なことから、「アシブトハナアブ」という名前になった。

ウスバシロチョウ

5月の初旬、ウスバシロチョウのカップルが交尾中、後ろから来た別のオスがカップルに飛び乗った。その後から、どんどん別のオスがやって来て、同じように飛び乗って来る。ついには6～7頭の団子状になって、嫁取り合戦になった。団子になって戦う姿はウスバシロチョウの特異な生態である。

観察データ

時期●5月頃
場所●日当たりのよい草地、クリ林

シロチョウに似ているが、アゲハチョウの仲間。前脚のスネに葉状片がある。シロチョウと違って、脚の先にはツメが一対だけだ。また、後翅の内縁が折れ曲がる。これらを知っていればシロチョウの仲間との見分けができる。

マメコガネ

群がっているのはマメコガネだ。メス取り合戦の真っ最中。時には10頭前後のオスたちが押し合いながらメスのぶんどりに夢中になる。はたしてこれで強いオスが決まるのだろうか？

観察データ

時期●5～8月頃
場所●ヤブガラシ

マメコガネは日本各地のヤブガラシなどに群生している。20世紀初めに日本からアメリカへ渡り、果樹園に大被害を与えたことから、アメリカでは「ジャパニーズ・ビートルズ」と恐れられた有名な害虫だ。葉を食べるとき、後ろ脚をピンと跳ね上げるポーズで食べるのが特徴。

メスを囲む触角

シロヒゲナガゾウムシ

観察データ

時期●4～7月頃
場所●コナラ、サクラなど

体長７～12ミリ。体が枯れ木の樹皮のような模様。生息環境が暗い枯れ木のくぼみに多いため、保護色になって見つけにくい。

メスを探索中のオス。

シロヒゲナガゾウムシはオスの触角が極端に長い。よく行動を見てみると、オスの触角でメスを挟むように囲んでいる。

これは、オスがメスを取られまいとメスを囲んで「これは俺のメスだぞ…！」と宣言しているわけだ。この場合、強いオスが子孫を残すというよりも、まるで早い者勝ちのようだ。

枯れ木につく菌を食べて生活する。

よく目をこらさないとなかなか見つからない。

ヨコヅナサシガメ

観察データ

時期● 4〜10月頃
場所● サクラなど

成虫の体長は 16 ～ 24 ミリ。黒白模様の腹部が特徴的。幼虫は主としてサクラの樹肌で餌をあさる。サクラの花の散る頃から、いよいよ餌取り戦略が始まる。

冬越した幼虫は春になると、樹肌にとまる生き物なら何でも発見次第、餌に毒を注入して相手をしびれさせてしとめる。1頭が攻撃し始めると、近くにいた仲間が加わり、複数攻撃で餌を倒す。餌に毒を注入して倒すと、仲間のいない場所へ運んで、独り占めするものもいるが、ほとんどは仲間同士で仲良く餌の体液を吸収する。

脱皮に失敗した仲間も食べてしまう。

コオロギに群がる幼虫。しとめた獲物を仲良く分け合い、体液を吸収する。

ガの幼虫を捕まえた。

ゾウムシもひと刺し！

じっくり観察　ヨコヅナサシガメの一生を追う

ヨコヅナサシガメの生態観察を3年以上続けて調査をした。幼虫越冬、晩春から始まる幼虫の活発な餌狩り、終齢幼虫から成虫へ、朱赤色になった脱皮、成虫の餌取り、交尾、産卵行動、卵からの見事な朱赤色の１齢幼虫が孵化するまで、どのステージを見ても「決定的瞬間」そのものなのだ。1種を続けて追うことで、たくさんの瞬間に出会えるということを感じていただきたい。

幼虫越冬～晩春から始まる餌狩り

サクラの樹肌で冬越しする幼虫がびっしり。

終齢幼虫の食欲は旺盛。サクラの樹肌はもちろんのこと、根元にまで出掛けて餌をしとめる。終齢幼虫は５～11月まで懸命に餌捕りに専念する。

朱赤色の脱皮

4月下旬頃、餌の養分をたっぷりとって大きくなると、いよいよ成虫になるための脱皮行動に移る。

この朱赤色の見事な色彩は、「オレには毒があるぞ!」と威嚇するアピールなのか。この見事な赤は、1時間ほどで黒化する。

脱皮直前

脱皮中

ヨコヅナサシガメの毒は強力で、キイロスズメバチですら動けなくなる。

とにかく食欲旺盛

これまで観察した、餌とする昆虫の種類をすべて記録してきた（右）。食欲旺盛なヨコヅナサシガメは、本当に何でも食べてしまうのをおわかりいただけるだろう。サクラの樹肌、根元など全ての場所で出会った100種類以上の虫を餌としていた。ヨコヅナサシガメは、生命力豊かな優れたハンターである。

種類	種数
コオロギ、バッタ類	24種
毛虫	44種
甲虫類	20種
ガ類成虫	9種
ハチ類	6種
カメムシ類	4種
クモ類	4種
セミ類	3種
アリ類	3種
ハエ、アブ類	3種
共食い	1種
チョウ類	1種
不明種	15種
合計	136種

成虫になっても食欲は衰えず、なかには孵化に失敗した仲間も襲い吸汁する。生き残るために懸命なのだ。

成虫の交尾〜産卵〜朱赤色の幼虫

5月下旬には交尾が始まり、メスはサクラの樹幹のくぼみに集まり産卵を行う。7月下旬に孵化するのは、なんとも見事な朱赤色の幼虫だ。

産卵シーン。１頭が１個の卵塊を産む。

スペシャル 1

ウメの木で繰り広げる戦い

昆虫たちが見せてくれる決定的瞬間を観察するためには、その種の生活の様子を長く見ていくことが大切だ。お勧めは、お目当ての昆虫がいる観察しやすい木を見つけ、まめに足を運ぶことである。

私は、ある公園の中にあったウメの木に目をつけた。木肌一面に、とげとげしたアカホシテントウの幼虫と、白い粒のようなタマカタカイガラムシの幼虫がびっしりとついていた。

ウメの木にとってはタマカタカイガラムシは寄生する害虫、それを捕食するアカホシテントウは益虫になる。この２種が、この１本のウメの木でどのような攻防戦を繰り広げるのか、じっくりと観察してみようと思い立った。

12月〜2月

アカホシテントウは成虫で越冬し、冬のうちに交尾、産卵を行う。このとき、タマカタカイガラムシは小さな1齢幼虫だ。

厳冬期のウメの木に、アカホシテントウの成虫が飛来。5〜10頭で集団越冬する。アカホシテントウは、餌となるタマカタカイガラムシの幼虫が生息している木を選ぶ。

早いものだと1月には、アカホシテントウの交尾が始まる。オスがメスをもち上げて、懸命に交尾している。

熾烈な交尾競争が起こり、より強いオスがメスを獲得して交尾する。このように3頭のオスが1頭のメスにひしめき合っている姿も珍しくない。

交尾が終わると、メスはウメの樹肌やくぼみなどに産卵する。

オレンジ色のものがアカホシテントウの卵だ。そのまわりの白い粒は、タマカタカイガラムシの幼虫。アカホシテントウの幼虫は、餌が豊富な場所で生まれることができる。

3月〜4月

孵化したアカホシテントウの幼虫がタマカタカイガラムシの幼虫をどんどん食べて成長していく時期。

暖かくなってくると、とげとげしたアカホシテントウの幼虫が発生。タマカタカイガラムシの幼虫を次々と食べて大きくなっていく。

一方、すっかり食べられてしまったタマカタカイガラムシの幼虫の残がいもびっしり。

アカホシテントウの幼虫は脱皮を繰り返して大きくなっていく。この時期のウメの木には抜け殻もたくさん。

タマカタカイガラムシも負けていない。食べられてしまうのは仕方ないとばかりに、圧倒的な数で勝負する。ウメの木には、とにかくものすごい数のタマカタカイガラムシの幼虫が群生して、寄生する。これでは、アカホシテントウも食べきれない。

5月

生き残ったタマカタカイガラムシたちも成長し、ウメの木で羽化。そこで交尾をして産卵する。成長したアカホシテントウの幼虫は蛹になる頃だ。

食べられずに残ったタマカタカイガラムシの幼虫も成長して、オスとメスの違いがわかるようになってくる。この写真の白い幼虫たちをよく見てもらうと、2本のヒゲ状のしっぽがあるものとないものがいる。あるものはオス（左上）、ないものはメスだ。この写真からもわかるが、しっぽがあるオスは少なくて、大体全体の20%ほどしかいない。

これが成虫になったタマカタカイガラムシのオス。翅をもっていて、2本の白いしっぽがあるのがわかる。

赤いドーム型が成虫のメスだ。オスとメスでまったく姿が違うのには驚かされる。暖かくなると成長したメスが、いつの間にかウメの木にびっしりとくっついていて、オスは盛んにメスに交尾を求めて乗っかってくるようになる。

こちらはアカホシテントウ。終齢幼虫になるとなぜか1か所に集まってきて、3週間ぐらいすると一斉に蛹となり、背中がぱっくり割れて羽化する。ウメの木を探せば簡単に見つかるはずだ。

6月

5月末から6月頃には、アカホシテントウの羽化が見られる。たくさんのタマカタカイガラムシたちを食べたテントウムシたちが立派な成虫になって飛び立っていく。

アカホシテントウの蛹の脱皮が始まった。6～7ミリぐらいの鮮やかな黄色の成虫が顔を出す。

力をふり絞ってはい出し、下翅を伸ばしている。

いよいよ外に飛び出す。羽化の瞬間は、どの虫も幻想的なものだ。

羽化から1時間ほどすると、ツヤのある黒色に楕円形の赤色紋の成虫の姿に変身する。夏から秋にかけて活動した成虫は、また冬になると越冬のためにウメの木に集まってくるのだ。

「なぜこんなことをするのか」
と不思議に思う行動をとる
昆虫たちはたくさんいる。

この章では、進化の中で獲得した、
ちょっと変な生態や姿を見せてくれる
瞬間を紹介していこう。

第5章 不思議な瞬間

ゆりかご作りの職人

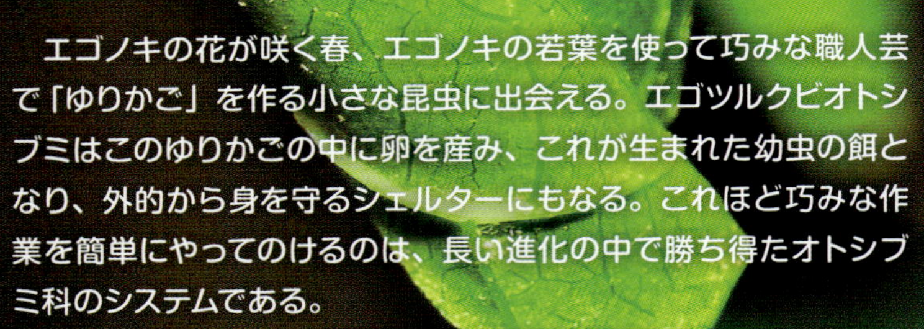

エゴノキの花が咲く春、エゴノキの若葉を使って巧みな職人芸で「ゆりかご」を作る小さな昆虫に出会える。エゴツルクビオトシブミはこのゆりかごの中に卵を産み、これが生まれた幼虫の餌となり、外的から身を守るシェルターにもなる。これほど巧みな作業を簡単にやってのけるのは、長い進化の中で勝ち得たオトシブミ科のシステムである。

遥か昔の人は、恋人が通る道に巻物の手紙をそっと置いてメッセージを伝える風習があった。この巻物に見立てて、「落とし文」の名前がついたという、ロマンあふれる虫である。

エゴツルクビオトシブミ

観察データ

時期●春
場所●エゴノキ

体長6～9ミリ。オスは首が長く、メスは短い。体色は黒色で光沢がある。日本には約100種類のオトシブミの仲間がいるが、ゆりかご作りをするのは約30種。作るのはメスのみで、オスは手伝わない。出来上がったゆりかごは、ほとんどが切り落とされて下に落ちているが、そのまま枝先に残されているものもあり、種類によっても違いがある。木の下に落とした方が、適度な湿度により卵が順調に成長すると考えられる。

ゆりかごを作る手順

エゴツルクビオトシブミのメスは、エゴノキの花が咲き、若葉が出そろう時期に、柔らかい葉を選び、葉の上の一部を残し楕円状に切っていく。葉の主脈と側脈を裁断して水分を断つことにより、葉のしおれるのを待つ。(楕円状に切る方法には、右利きと左利きがある)

葉がしおれると、葉の直線上に主脈にそって半分に折り曲げる。その段階で、葉が2枚になったものを下から巻き上げる。

少し巻き上げた所で穴をあけてから、その穴に産卵する。産卵後、さらに巻き上げる。

「ゆりかご作りの職人」は、巧妙な技を駆使する。葉の複雑な折り曲げに接着剤となる分泌液は全く使わないで、葉に細かいかみ傷をつけ、また葉の表面の微毛を絡ませ、マジックテープのようにして葉を巧みにつなぎ止めるのだ。出来上がったゆりかごをほどいてみると、まるで幾何学的な折り紙構造だ。このように舌を巻くほどに巧みな技は、オトシブミ科の大きな特徴である。

観察データ

時期●7〜9月頃
場所●エゴノキ

体長３〜６ミリ。エゴノキの葉上にいることが多い。茶褐色で、白い顔が特徴。オスの顔は眼が離れていて、別名「ウシヅラヒゲナガゾウムシ」。

メスは果実に穴を掘り進み、芯まで到達すると体を穴から引き抜いて反転し、お尻から穴へ入って産卵する。エゴヒゲナガゾウムシは、固いエゴノキの実に穴をあける長い口を進化させ、実の中で幼虫を成長させるという繁殖戦略をとったのだ。

夏にエゴノキの実を見ると、穴をあけられているものをたくさん発見できる。

メスが穴を掘っている間、オスは手伝いをせず見ていて、交尾のチャンスを狙っている。

穴掘り作業中に交尾が始まった。

穴を掘り終わったら、お尻を穴に入れて産卵する。実の中で生まれた幼虫は、脂肪分たっぷりの果実の中で、すくすくと成長する。

かなり違うオスとメスの顔

エゴヒゲナガゾウムシの顔を観察すると、眼が飛び出しているものとそうでないものがいることがわかる。眼が離れていて、平べったい顔をしたほうがオスだ。メスのほうは眼は離れていない。横から見ると実に穴をあける長い口をもっていることがわかる。なぜオスの眼が離れているのかは不思議だが、自分を大きく見せるためなのか、そこにもきっと生き残るための理由があるのだろう。

エゴヒゲナガゾウムシのオスの顔。目はどこにあるのか?

メスの顔。

幼虫がすむ泡の巣

シロオビアワフキ

光が当たると泡がキラキラ光る。

巣から水滴が落ちることがあり、この様子が美しい。

この泡のかたまりは、シロオビアワフキの幼虫の隠れ家。幼虫は、腹部にある分泌腺からワックスやアンモニアを含んだ液を出し、この白い泡を作って乾燥や捕食者から身を守る。これほどの防衛対策をしても、天敵のヤニサシガメが泡の中へ口を差し込み、食べられてしまうこともある。

観察データ

時期●5〜6月
場所●ヨモギ、クワ、バラなどの双子葉植物

成虫の体長は 11 ミリぐらい。初夏にヨモギやクワ、バラの茎を探すと、泡状の白いかたまりを見つけることができる。日本のアワフキムシ類は約 40 種いるが、その中でも身近で見られるのがシロオビアワフキ。運がよければ、羽化するために泡の中から出てくる瞬間に出会えるかもしれない。

泡をそっとよけると、体長5～6ミリの頭胸部が黒、腹部が赤の幼虫がいる。

シロオビアワフキが羽化する瞬間。

羽化に成功して成虫が出てきた。

成虫の姿は褐色で地味だが、よく見ると眼が筋模様で面白い。

幼虫の花火

スケバハゴロモの幼虫

観察データ

時期● 7～10月頃
場所● 草木の比較的高い茎などに群生

成虫の体長は 6 ～ 10 ミリぐらい。セミの仲間。幼虫はそれよりやや小さい。幼虫の体は薄いグリーン。成虫は透明な翅をもち、黒褐色で縁取られている。雑木林の中の草木で、比較的高い茎などに群生する。

スケバハゴロモの幼虫は、尾に白い糸の束がふさふさとついていて、これを立てたり、体の上に広げたりして天敵から身を守る。この白い糸の束に太陽光が当たると、幼虫は大変身！ 反射光により見事に輝き、まるで花火のように美しい。これぞ天敵予防策の最高傑作だと思うのだ。

人間の目では、紫外線や赤外線を見ることができない。しかし、写真に撮るとそれらの光線も写り込み、幻想的に光った姿になる。天敵からも、このように輝いて見え、目くらましになっているはずだ。

成虫になったスケバハゴロモ。透明な翅が黒や茶色の斑紋でふち取りされている。

親子が並ぶ。どちらが美しいか競っているかのようだ。

幼虫は群れになっていることが多い。

光が当たる角度によっては幼虫本体の色もエメラルドグリーンのように輝く。

光の当たり方で色が違う。

肉団子作り

キアシナガバチ

肉団子作りをするキアシナガバチ。これは幼虫に与えるエサだ。アカボシゴマダラの幼虫が犠牲になった。

内臓は捨て、栄養豊かな筋肉部分のみを肉団子にして、素早く飛び巣へと急ぐ。巣には、腹をすかせた幼虫たちが待っている。1日も早く、働きバチが誕生するように懸命に育てるのだ。

アカボシゴマダラ幼虫を捕まえ、肉団子を作り始めた。

観察データ

時期●5～8月頃
場所●草地、タケニグサなどの葉の裏

大型で体長 20 ～ 25 ミリ。体は黄色が強く、腹節には一対の黄色紋がある。住宅地にも多く昔は家の軒下などに巣があったが、住宅構造の変化から最近はほとんど見られない。

ホソアシナガバチ

ホソアシナガバチは草地のカヤに巣作りをする。キアシナガバチ同様に肉団子を作り、幼虫の養育をする。

パンダの死んだふり

体色、模様がパンダのようでかわいいオジロアシナガゾウムシは、何かに驚くと、固まって死んだふり。ポロリと落下して姿をくらます。土の上に落ちてしまうと、鳥のフンのようにも見えてほとんどわからない。

オジロアシナガゾウムシ

観察データ

時期● 4〜8月頃
場所● クズ

体長は9ミリほど。パンダカラーが特徴。クズが生活場所で、特に茎につかまっていることが多い。前脚が長く太いのは、交尾時にメスをしっかり引きつけるため。

危険を察知して、2 匹一緒に死んだふり。

鼻が長くゾウムシの名前もうなずける。

長い脚を使って、がっちり茎につかまってだっこしているのをよく見つけられる。

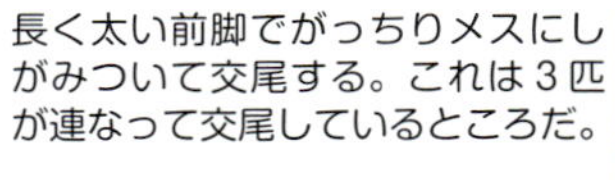

長く太い前脚でがっちりメスにしがみついて交尾する。これは 3 匹が連なって交尾しているところだ。

メスは長い口先で、クズの茎に穴をあけて産卵する。産卵したところは虫こぶ（虫が寄生することによってこぶになった状態）になり、幼虫は茎を中から食べて成長する。

いろいろな「死んだふり」

手脚を縮めて動かないコフキゾウムシ。

危険が迫ると死んだふりをする「擬死」は、ゾウムシ類、ハムシ類、甲虫類などによく見られる。手や脚を縮めて固まる姿勢になったり、完全に脱力して動かなくなったりする。つまみ上げて指で押したりしてみても、決して動かず死んだふりを続けるのだ。

コフキゾウムシ

観察データ

時期●4〜7月頃
場所●クズ

体長4〜7ミリぐらい。クズの群落のはずれによくいる。黒い体に白っぽい粉をまぶしたような姿をしている。

ハスジカツオゾウムシ

葉上に落ちて死んだフリをしている。5分くらいは足も動かさずじっとしている。たいていは、しげみの中へ落下して姿を消すことが多い。

観察データ

時期●4～10月頃
場所●アザミ

体長は10～14ミリぐらい。茶褐色に斜めの筋模様が特徴。

コイチャコガネ

観察データ

時期●5～8月
場所●クヌギ、コナラ

体長は10～12ミリぐらい。茶色をしたコガネムシの仲間。

横向きに死んだふり。

木肌からポロリと落ち、動かない。

大型のタマムシも時に死んだふりをする。

ゴマフカミキリ

観察データ

時期●4～8月
場所●コナラ、クヌギ

体長13～22ミリ。黄褐色と灰色のまだら模様に黒点が特徴的。

ウバタマムシ

観察データは 89ページを参照

ゲットだ万歳！

アシナガムシヒキ

観察データ
時期●5～6月頃
場所●草地、林縁

体長は 12 ～ 27 ミリ。脚が特に長く、前脚の脛節末端にトゲ状の突起があるのが特徴。毒をもたない大型のヒメバチ科をよく食べる。毒針をもつハチは敬遠しているらしい。いつも日当りの良い環境を好み見通しの利く枝にとまって、四方を監視しているようだ。

獲物を探し出す広い視野をもち、飛んでくる虫をいち早く見分け、長い脚で捕まえる。見てほしい瞬間はこの後だ。

獲物を捕まえると必ず片脚を上げてガッツポーズのような格好をする。中にはこの写真のように「万歳！」のような格好をするのもいる。嬉しくて大得意なのだろうと想像するとおかしい。

長い脚を使って、茎などにぶらさがりながら捕食しているアシナガムシヒキ。こんな器用な芸当も観察できる。

プレゼント戦略

ヤマトシリアゲ

ヤマトシリアゲのオスは餌を獲得すると、フェロモンを発散してメスを呼ぶ。フェロモンに誘われてやって来たメスは、オスが用意した餌のプレゼントを受け取り、夢中になって食べる。オスはそのすきにメスと交尾をして、プレゼント作戦は成功。この写真は、メスが餌を食べているのを横目に、オスが交尾をしているところだ。

観察データ

時期● 4～8月頃
場所● 公園などの林縁

体長 13 ～ 20 ミリ。春型は体色が黒、夏秋型は黄褐色をしている。オスがじっとしているとき、お尻を上げるようなポーズをしていることから名がついた。オスの腹端には鋭く尖ったはさみがあり、ケンカの武器になる。メスの腹端は尖っているが、はさみはない。

お尻を上げてじっとする
夏秋型のオス。

メスがやって来て餌を食べ始めた。
カップル成立！

交尾が終わってから、メスが残した餌をオスが食べるという、ちょっと切ない姿も見られる。

オスからのプレゼントをゆっくり食べるメス。

要領のいいオスは、クモの巣を探して、そこに引っかかっている獲物を見つける。クモから横取りした獲物にしがみついて、フェロモンを出してメスを待つオスがいた。

丸い食べ跡

クロウリハムシ

観察データ

時期●4〜10月
場所●ウリ

体長6ミリ前後。栽培ウリ類の害虫。黒い翅に黄色の頭と胸が特徴。カラスウリに一番多く生息。危険を感じると死んだふりをして、ポロリと下へ落ちる。体をつかむと黄色い液を出す。余裕があるときは敏速に飛び去る習性もある。成虫越冬。

害虫として嫌われているが、黄色い顔は意外とかわいい。

クロウリハムシは、ウリの葉を円形に傷つけていく。それから、その円の中の葉を食べる。この奇妙な習性は、先に周りを傷つけておくことで、植物が出す防御物質や苦い汁液の流入を止めていると考えられている。円の傷の中の葉っぱは、きっと食べやすくておいしくなるのだろう。

クロウリハムシの葉っぱの食べ跡は丸くなる。

葉上では、交尾をするクロウリハムシも観察できる。

はてなを作る虫

クズノチビタマムシ

観察データ

時期●4〜10月頃
場所●クズ

体長３〜４ミリ。クズの葉をかじる小さなタマムシ。葉上での動きは鈍く、おそらくカラスのフンに擬態しているものと思う。幼虫はクズの葉の皮上下の間にある柔組織だけを食べ、その後蛹になり初秋になり羽化。成虫で越冬する。

　葉のかじり方が面白い。必ずしも全部ではないが、多くのクズノチビタマムシ成虫は、葉の隅からかじりはじめ、その形が「？」型になる。なぜそんな形になるのかは不明。本人にとってもはてな？なのかもしれない。

葉をチョキチョキ

クズハキリバチ

観察データ

時期●5〜9月頃
場所●クズ

体長17〜20ミリ。大きなハキリバチ。腐った樹幹のすき間などに、クズの葉を使って巣を作る。数少ないハチだが、都市公園の中にもいる。

葉をきれいに切り、切り取った葉を半円形にし、葉にまたぐような格好で巣へ持って帰る。この葉を何枚も重ねて作ったコップの中に、花粉と蜜を混ぜあわせた乳黄白色の蜜ダンゴを入れたものを巣の中心部に作るのだ。その中へ卵が産みつけられ、幼虫はこれを食べて育つ。

葉の枚数は全部で150枚ほど。300回以上往復して巣を作る。親バチは1頭の幼虫を育てるために、こんなにも努力をしているのだ。

種を越えて越冬

観察データ（ムラサキツバメ）

時期●春～秋
場所●マテバシイ

体長19～23ミリ。翅を開くと青紫色の美しい姿のチョウ。本来、本州南部以南に生息していたものが、今では関東地方にも広く分布。春から秋までに発生を繰り返し、特に秋に多くなりそのまま成虫越冬する。

観察データ（ムラサキシジミ）

時期●春～秋
場所●アオキ、アラカシ

体長14～22ミリで、ムラサキツバメよりやや小型。ムラサキツバメと同様で、春から秋までに発生し、そのまま成虫越冬する。

ムラサキツバメは、集団で越冬するチョウ。冬に見つけてさっそく撮影しようと思ったが、よく見ると尾状突起のない近縁のムラサキシジミが、ちゃっかり一緒に越冬しているではないか。左にいる１頭がそれだ。

ムラサキシジミの集団と間違えているのか、あるいは厳しい冬は種など関係なく、一緒に耐えようというのか。種の見分け方を知っていると、思わぬ発見も訪れるのだ。

ムラサキツバメの幼虫は、マテバシイなどを食草とする。写真は、葉に身を隠す終齢に近い幼虫。幼虫には蜜腺があり、よくアリがやって来て蜜を求める。アリは蜜を手に入れ、幼虫は外敵避けになり、お互いメリットがある。

そのまま葉の中で蛹になったムラサキツバメ。

ムラサキツバメとムラサキシジミは近縁で、姿はよく似ているが、少しだけムラサキツバメの方が大きい。一番の見分け方は、しっぽの部分があるかないか。尾状突起がある方がムラサキツバメ、ない方がムラサキシジミだ。

共同生活
ニジゴミムシダマシ&モンキゴミムシダマシ

キノコが生えているような枯れ木を見つけたら、虹色に輝くニジゴミムシダマシがいるかもしれない。この美しい甲虫を見つけたら、そばで一緒に生活する赤と黒のひとまわり小さなモンキゴミムシダマシもよくいる。この 2 種は同じキノコを食べる関係で、枯れ木で共同生活をしていることが多い。写真は、腐食材の中で仲良く越冬していたところをとらえたものだ。

観察データ（ニジゴミムシダマシ）

時期●5～10月
場所●キノコが生息する枯れ木

体長は 6 ～ 7 ミリ。成虫は翅が虹色に輝く。団子状キノコのある枯れ木の狭い空間を生活の場としている。同じような枯れ木であってもいない場合もあり、湿度や日の当たり具合など、細かい条件があるのだと推測する。

観察データ（モンキゴミムシダマシ）

時期●5～10月
場所●キノコが生息する枯れ木

成虫は体長 5 ミリほど。黒に赤い色の 2 本線が特徴。ニジゴミムシダマシ同様、枯れ木や伐採木でキノコを食べて生活する。

同じ多孔菌類を食べに集まるモンキゴミムシダマシとニジゴミムシダマシ。

ニジゴミムシダマシの交尾シーン。

菌類を盛んに食べるモンキゴミムシダマシ。

虹色に美しく輝くニジゴミムシダマシ。

ニジゴミムシダマシよりひとまわり小さいモンキゴミムシダマシ。

観察データは 141ページを参照

オンブバッタには緑色のものと褐色のもの、2色の種類がいるが、オスがメスの背中にオンブされている姿を観察すると、4通りの組み合わせが全部ある。

カップルは「オス緑+メス緑」、「オス褐色+メス緑」、「オス緑+メス褐色」、「オス褐色+メス褐色」。どの組み合わせが多いか調べてみるのも面白い。

あまり活発ではなく、跳ねる程度で、翅で飛ぶことはない。草むらに多く、体の色はよく変化する。そうして外敵から身を守っているのだろう。

伸びるオチョボグチ

懸命にオチョボグチを伸ばす。

夏にクヌギやコナラで探す昆虫はたいていカブトムシやクワガタだが、彼らが樹液を吸う脇からこっそり忍び寄るハエがいる。よく見ていると、もともと小さなオチョボグチなのだが、これを思い切り伸ばして懸命に樹液を飲むのだ。

ホシアシナガヤセバエ

観察データ

時期●夏
場所●クヌギやコナラなど

体長は８～10ミリ。眼が鮮やかな赤で、触角は赤と白。名の通り脚が長く、動きは速い。クヌギやコナラなどの樹液がたまっているところで、甲虫たちの隙間から忍び寄るように吸蜜する姿が観察できる。

もともとはオチョボグチ。

涼むウチワ

ウチワヤンマは気温が上がると暑さしのぎか、腹端を思い切り上へともち上げる。同じ棒杭にギンヤンマのつがいが産卵していたが、鷹揚に見守るだけ。池の棒杭に自分の縄張りをもち、近くに大型トンボが来ると急発進。しばらくすると元の棒杭に戻る。

下でギンヤンマが産卵するも無関心のウチワヤンマ。

ウチワのような腹端が特徴的だ。

ウチワヤンマ

観察データ

時期● 夏〜秋
場所● 池など

体長80ミリ前後の大型種。大きな特徴は、腹端にあるウチワ状の大きな広がり。池の底で育った幼虫は、鳥に狙われないように、初夏になると真夜中に羽化し、暗いうちに林の方へ移動する用心深さもある。池の汚染には割合強いらしく公園の池でもよく見られる。池にある杭などにとまり、すぐ飛び立てる体勢で警戒している。

アメリカミズアブ

アメリカミズアブの眼の斑紋は見事。怪しい紫色の斑紋が、何かのアートのようだ。

シャッターチャンス!

すごい眼の模様を撮る

昆虫を撮るときには、眼にピントを合わせるのが基本だが、その眼をよく見てみると、とても奇妙な模様をしたものが結構いることに気がつく。なぜこのような眼をしているのかは不明だが、恐らく外敵予防に効果があるのだろう。チャンスがあれば、できるだけ虫たちの顔に寄って、眼の模様を撮影してみてほしい。さらに詳しく観察したいときは、標本をつくって接写したり、顕微鏡を使ったりする。

クルマバッタモドキ

クルマバッタモドキは枯れ葉に擬態してとけ込むために、眼も枯れ葉模様にする徹底ぶり。

キイロアブ

キイロアブの黄緑色の目玉は、
複眼の並びも見事だが、下半
分がキラキラしていて美しい。

ツマグロキンバエ

ツマグロギンバエは
きれいな縞模様。

オオハナアブ

目玉に面白い縞模様が入っている
オオハナアブの飛翔シーン。

キゴシハナアブ

花の蜜を吸うキゴシハナアブを接写。
黄色と赤のまだらな模様の眼が実に
不思議だ。

ベッコウハゴロモ

ベッコウハゴロモの眼は縞模様が縦に入っている。翅の模様の続きみたいで、どこに眼があるかもわかりにくい。

テングスケバ

緑色の体に、黄色とオレンジの縞模様の眼がかわいらしいテングスケバ。

アカハネナガウンカ

アカハネナガウンカは４ミリぐらいの赤くて小さなカメムシの仲間だが、面白いのは複眼が寄り眼に見えることだ。畑などによくいるので、見つけて撮影してみてほしい。

冬に見つかるすごい瞬間

このような日当りのよい木を探すと、日向ぼっこをしている昆虫に出会えることがある。

寒い冬は、昆虫もいないから観察はお休みかというと、決してそうではない。公園や雑木林はひっそりとしていて生き物の気配を感じないかもしれないが、どこかにひそんで、さまざまな形で冬を越す昆虫たちがいる。何千年、何億年もかけて獲得した、厳しい寒さを乗り越える術を観察できるのだ。なかなか生き物がいない冬だからこそ、昆虫が生きる瞬間に出会えたときの感動も大きい。

探すポイントは、まず日当りのよい木。チョウやガなど成虫越冬する虫たちが、昼の間に日光浴をしに来るスポットだ。また、枯れ木や伐採された丸太なども絶好の観察対象である。冬の間は、樹木の樹皮の中などにもぐって寒さをしのいでいる場合が多いのだ。

ここでは、私がよく観察する関東近郊の雑木林で見られた、冬のさまざまな生態観察の様子を見ていこう。

伐採された枯れ木などがあれば観察のチャンス。樹肌をはがしてみると越冬中のいろいろな昆虫が見つかる。写真のように、スコップやピッケルなど、枯れ木や土の中を掘る道具があるとよい。ただし、掘るのは最小限にして、観察後はできるだけ元に戻すようにすること。

クワガタの幼虫を発見。さっそく記録写真を撮影する。

さまざまな冬越しを観察

虫たちは、卵、幼虫、蛹、成虫などいろいろな形態を選択して越冬する。その種にとって最適な形を選択した結果だ。それぞれの姿を紹介していこう。

キチョウは常緑樹の葉裏で冬眠をして過ごす。近づいても反応しない。起こしてしまうかもしれないので、触らないようにすること。

日当りのよい場所で日向ぼっこをすることが多いルリタテハ。

木肌に寄り集まって集団越冬するナミテントウ。冬にしか見られない大集団だ。この機会に模様を見比べてみると面白いが、どのテントウムシもすべて模様が違っている。

夏から秋にかけて我が物顔で飛び回っていたキイロスズメバチは、冬になると枯れ木にこもってじっとしている。枯れ木を掘るとスズメバチがいて驚くが、襲ってきたりはせず、弱々しい動作でもぞもぞ動くだけ。すぐに枯れ木くずをかけて寝かせてあげた方がいいだろう。

44 ページで紹介したジャコウアゲハの蛹(お菊虫)は、蛹で越冬するので探してみよう。

マダラマルハヒロズコガは幼虫で越冬する。このコナラの木肌の色をした 8 の字のような形が幼虫かというとそうではなく、これは幼虫が作った巣のケースだ。ひっくり返してみると、中には白い幼虫がいる。

これは植物のタネではなく、ニホントビナナフシの卵だ。卵の状態で冬を越す。種子に化けることで、天敵から襲われにくくしているのかもしれない。

58 ページで越冬するオオカマキリの卵を紹介したが、これは越冬中のハラビロカマキリの卵。しかも 2 連結だ。木の枝にうまく隠れている。

真冬の主役
フユシャク類

右は産卵中のチャバネフユエダシャクのメス、下はオスだ。オスは飛び回り、枯れ葉に擬態して身を隠す。メスは全く違う姿をしているが、これでもガの仲間だ。お腹から卵が出ているのがわかる。卵は春になって孵化し、成長した幼虫は土の中にもぐって蛹になる。その状態で冬を待って羽化する。

冬の昆虫界の主役は、真冬になると発生して活発に活動するフユエダシャク類のガたちではないだろうか。たとえ寒くても、外敵のいない冬の環境を選んで生き残ったのだ。

フユシャク類のメスには翅がない。翅をもって飛び回っているのはすべてオスだ。これは、冬の環境の中で飛び回るのは体力を消耗するため、翅が退化し、できるだけ体内に栄養を温存して、産卵に力を注ぐためだと考えられる。メスは飛べないかわりに、フェロモンを出してオスを誘うことができる。

翅がないクロスジフユエダシャクのメス。枯れ葉に上手く身を隠す。

冬に枯れ葉の中で見つけたクロスジフユエダシャクの交尾シーン。メスの左は枯れ葉にも見えるが、オスの翅だ。

寒い冬にせっせと働く

11～12月頃、寒い時期にせっせと働いているのを観察できるのが、クロナガアリだ。働きアリの体長は5ミリぐらいで、黒色の体が細かな毛で覆われている。

主に、エノコログサ、メヒシバ、タデなどイネ科の植物の実を集めてきて、巣に運び込む様子が見られる。こうした実はこの時期は無尽蔵に落ちているので、働きがいもあるというものだ。ライバルとなる天敵もほとんどいないため、寒い時期の仕事はメリットが大きいに違いない。

巣の深さは垂直でおよそ4メートルにもおよび、垂直の縦坑から多数の小部屋に分岐している。

懸命に働くクロナガアリでごった返す巣の周辺。いろいろな餌を運び込んでいく様子は、見ていると応援したくなってくる。

虫の死骸も立派な餌。

途中で触角をつき合わせて、何やら打ち合わせしているような姿も。

大きな実を運びこもうとがんばる。

すごい瞬間を撮るコツ

ここまで長年にわたり昆虫の産卵、孵化、羽化、脱皮、交尾、外敵対応の戦略、幼虫の生育プロセス、成虫の飛行、寄生虫とその防御……などの生態記録をつけながら、同時に写真撮影をすることでできる限りの根拠を残す活動をしてきた一部を紹介してきた。どれも、その生態を知っていないと気がつかず、撮影することもできない。また、辛抱強く継続的に観察することこそ、「瞬間を撮るコツ」の一番の極意である。

その上で、私なりに考えたポイントとなることを列挙しておこう。

ポイント❶　疑問をもつ

昆虫を見つけたら、その行動に「なぜ?どうして?」と疑問をもって、調べること。雪の深い新潟の長岡で通信工事会社を営んでいる酒井氏は、「カマキリの卵嚢が高い位置に産卵された年は大雪になる」という現象に気づいて疑問をもち、統計学なども駆使して長年かけて科学的な答えを導き出し、『カマキリは大雪を知っていた』という本を執筆されて有名になった。昆虫を観察するときに、常に不思議なことへの疑問をもつことで、シャッターを切るきっかけになる。

ポイント❷　虫の立場・目線で撮る

虫を見つけたら、「何をしているんだろう?」と考える。昆虫の生存期間は一部を除けば、ほとんどが人間に比べて短期間だ。その間に子孫を残し、種として存続に励んでいる。つまり、虫は生き残るために忙しく活動しているはずだ。そう考えると、虫たちの意味のある行動がたくさん見えてくるのではないだろうか。最近では連続して撮影できる機能をもつカメラが当たり前なので、気になったらどんどん撮って、後から写真を見ながら何をしていたのか考えてみるのも面白い。

ポイント❸　食草・食樹で待つ

昆虫は植物とともに生活しており、必ず生まれ故郷に戻ってくる。食草や食樹からの特殊な匂い物質などに誘引されているのだろう。また、食事のときには昆虫はゆっくりした行動になりがちで、撮影のチャンスも多い傾向にある。虫を撮るなら植物の知識をもつことが大切だ。また、巻末には植物から発見できる生態を調べられる索引も用意したので活用してほしい。

カメラのレンズについて

カメラにはマクロレンズ、広角レンズなどの種類があり、本格的に撮影したい人はこれらを上手く使い分けることが必要だ。生態写真の詳細な撮影ではマクロレンズを使うことが多いが、同時に広角レンズも使ってほしい。「動きのある昆虫の姿」ばかりを追いかけるのではなく、多少昆虫に動きがなくても、生息環境を広く取り入れた写真が、虫たちの生きる世界を表現できることになる。

あとがき

たくましく生き続ける虫たちを見ていて感じるのは、ある種の生活を観察して理解が進むと、次にはまたわからない壁が出てくること。それを一歩一歩クリアしながら観察するので、１つの虫の観察期間には１年以上が必要で、それでもまだまだ不明部分が多く残る。昆虫たちが４億年にわたる進化で獲得した生態は、実に奥が深く、その解明には多くの努力と執拗な観察しかない。身近な虫たちにもまだまだ不明な生態が多い。読者のみなさんが興味をもって観察していくことで、新発見がもたらされることを期待したい。

しかし、最近特に感じるのは、里山の虫たちが急速に姿を消しつつあることだ。地球温暖化という大きな環境の変化もあると思うが、もっと大きな原因として、都市近郊の公園や里山を中心とした環境破壊がある。昆虫たちを継続観察していると、その異常事態がかなり切迫していることに気づく。昆虫が生きていけず、減少しているということは、近い将来、人間にも影響が出ることを示唆すると考えざるをえない。人間も昆虫たちと同様、生物の一種であるという自覚をもって、知恵を総動員して対応することが必要、それも早急に対処すべき事態が来ていると、私は考えている。

身近にいる体の小さい虫たちは、生物世界の最大グループである。変化し続ける地球環境の中にあって、たくましく生き続ける虫たちの生活を知ることは、極めて重要であると思う。人間（ホモ・サピエンス）も生物の一種である限り、地球環境の変化対応には、虫たちの生活から学ぶべきことがたくさんあると考えるが、どうだろうか？

最後になるが、この本をまとめるにあたり、誠文堂新光社『子供の科学』の土舘建太郎編集長には大変お世話になった。ここに厚く御礼を申し上げたい。

2017年1月　石井 誠

著者プロフィール

石井（いしい） 誠（まこと）

1929年、神奈川県横浜市生まれ。昆虫観察歴 70年を超える昆虫写真家。
長年に渡り、公園や雑木林などにいる身近な昆虫を観察し続け、研究している。地域の学校などで昆虫観察教室などを開く。神奈川昆虫談話会会員、横浜市旭区生涯学習センター学術部門指導員。著書に『公園で探せる昆虫図鑑』、『子供の科学★サイエンスブックス 昆虫と植物の不思議な関係』、『昆虫びっくり観察術 1　顔からみえる虫の生き方』、『昆虫びっくり観察術 2　体からみえる虫の能力』（すべて誠文堂新光社）など。

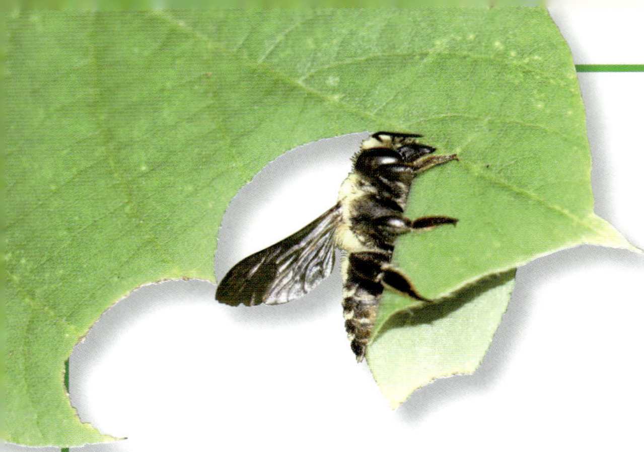

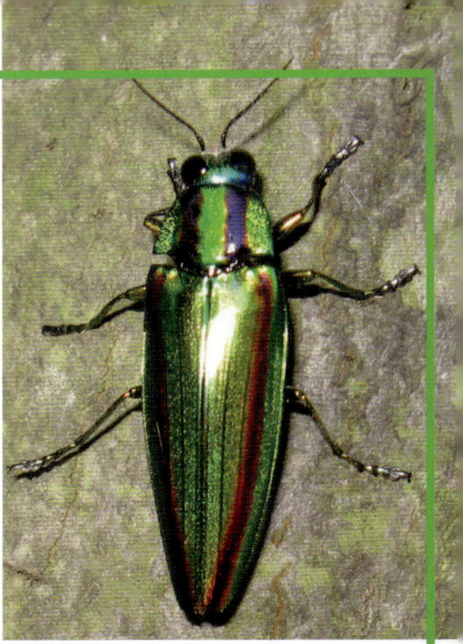

索引

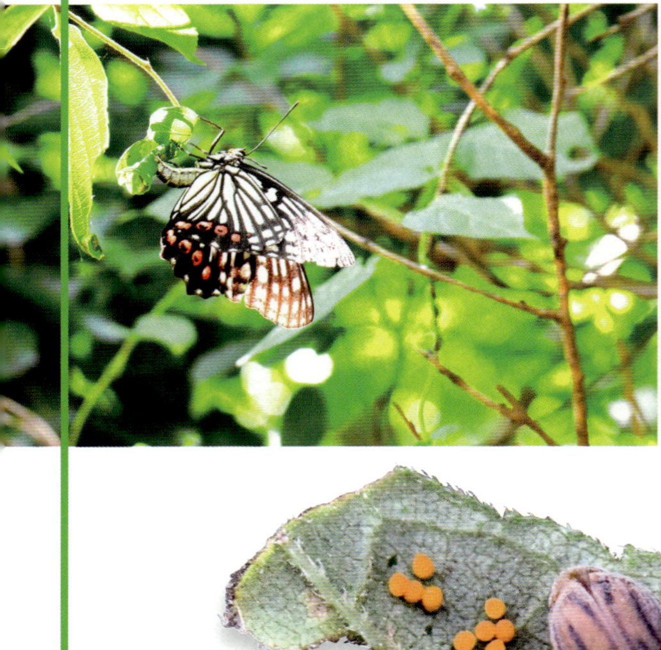

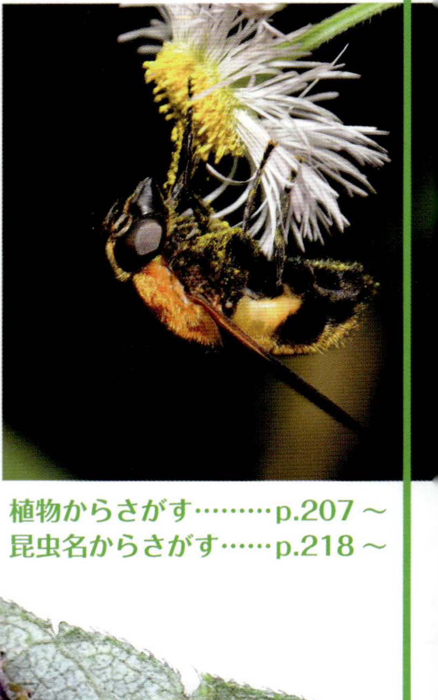

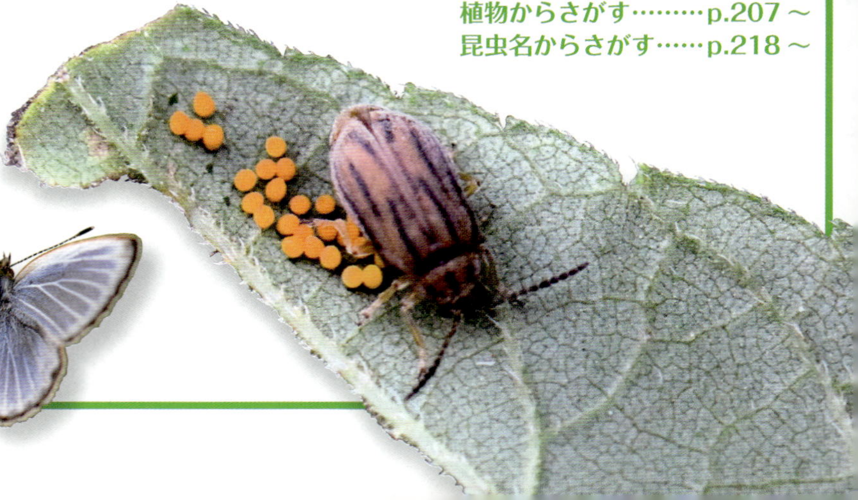

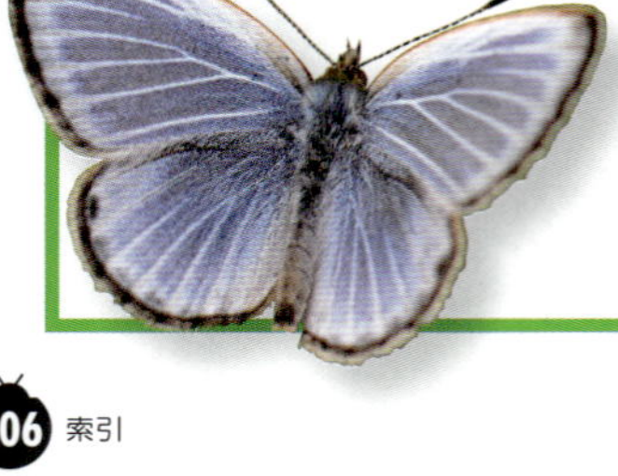

植物から探す

アケビ

アザミ

ウマノスズクサ

ウメ

エゴノキ

オカトラノオ

カタバミ

カラムシ

クズ

く

クチナシ

コナラ

スギ

し

シロザ

す

スイカズラ

ソテツ

ナノハナ

ニンジン

ノブドウ

ヒルガオ

ふ

フジ

ブタクサ

ほ

マユミ

マユミの花

ミカン

ミズキ

ミズキの花

む

ムラサキシキブ

や

よ

昆虫から探す

か

き

く

こ

さ

し

す

も

や

よ

ら

り

る

カバー＆表紙本文デザイン ● 永井秀之
撮影（194～195ページ） ● 青柳敏史
DTP ● (有)ケイデザイン 谷口聡和子
編集 ● (有)ケイデザイン

一度は見ておきたい！
＼公園や雑木林で探せる命の躍動シーン／
昆虫のすごい瞬間図鑑

2017年2月13日 発行　　NDC 486

著者　石井 誠
発行者　小川雄一
発行所　株式会社 誠文堂新光社
〒113-0033 東京都文京区本郷3-3-11
（編集）電話 03-5805-7765
（販売）電話 03-5800-5780
http://www.seibundo-shinkosha.net/
印刷・製本　図書印刷 株式会社

ISBN978-4-416-51710-9